KB198583

화장실
익스프레스

치카치카강을 건너라

1판 1쇄 발행
2025년 1월 20일

지은이 김원섭, 고선아 | **발행처** 도서출판 혜화동
발행인 이상호 | **편집** 이희정
주소 경기도 고양시 일산동구 위시티3로 111, 202-2504
등록 2017년 8월 16일 (제2017-000158호)
전화 070-8728-7484 | **팩스** 031-624-5386
전자우편 hyehwadong79@naver.com

ISBN 979-11-90049-49-8 (74400)
ISBN 979-11-90049-47-4 (세트)

* 책값은 뒤표지에 있습니다.
* 잘못된 책은 바꾸어 드립니다.

무서운 과학책
변기박사 편
화장실 익스프레스
치카치카강을 건너라
김원섭, 고선아 지음
혜화동

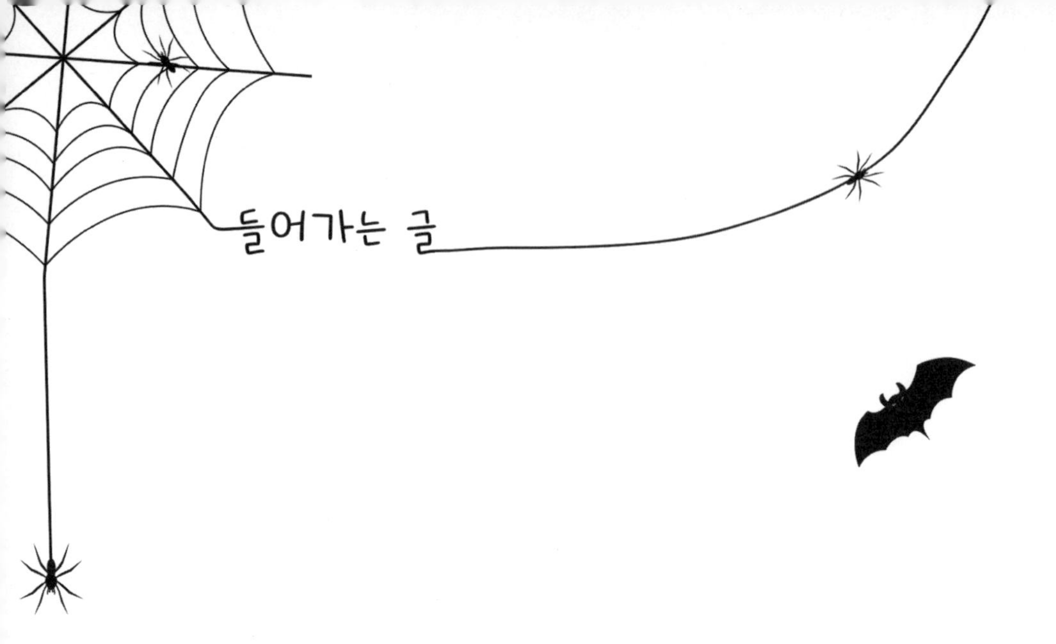

들어가는 글

'화장실'이란 단어를 들으면 여러 가지 생각이 떠오릅니다. 냄새나고 지저분한 느낌도 있지만, 왠지 부끄럽기도 하고, 차갑고 무섭기도 하지요. 다르게 생각해 보면 화장실은 멀티버스 세상과도 같습니다. 바깥과 다른 세상, 뭔가 새로운 곳으로 데려다줄 수 있는 그런 공간일 수 있습니다.

한편 과학은 그런 새로운 시간과 공간으로 이동해을 때, 벌어진 문제를 해결해 줄 수 있는 열쇠 같은 존재입니다. 상상력은 이야기를 만들어 내고, 과학 원리는 만들어 낸 이야기 속에서 정답을 적을 수 있게 해 줍니다.

'**화장실 익스프레스**'에서 나온 에피소드는 모든 친구들과 나의 이야기입니다. 종이꽃을 피운 병구도, 치카치카강을 건넌 상연이도 모두 우리 친구이자 나의 모습입니다. 이야기에 푹 빠져서 함께 문제를 해결하다 보면 어느새 새롭게 변한 자기 모습을 볼 수 있을 거예요. 에피소드 마지막에 있는 과학실험은 누구나 쉽고 재미있게 할 수 있도록 꾸몄습니다. 평소에 과학실험을 잘하지 못했던 친구들도 쉽게 할 수 있어요.

머리로 이야기를 그리고, 손으로 과학실험을 만지다 보면, 어느새 화장실이 아주 많이 신기하고 재미있는 곳이라고 생각할 겁니다. 이제 자신 있게 화장실 문을 열어 보세요.

차례

들어가는 말 4

에피소드 #1

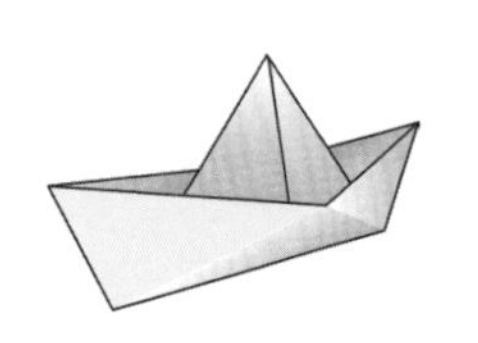

치카치카강을 건너라 9

실험 손대지 않았는데 종이배가 앞으로 나아간다고? 28

원리 왜? 종이배가 앞으로 나아갈까? 33

화장실 미션 1 물 위의 종이배를 앞으로 가게 하라! 35

에피소드 #2

인어공주의 편지 37

실험 물 위에 글씨를 쓸 수 있다고? 54

원리 왜? 물 위에 글씨를 쓸 수 있는 것일까? 59

화장실 미션 2 글자 낚시를 해 보자! 61

에피소드 #3

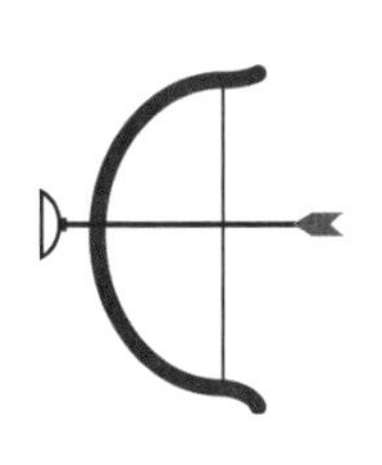

양궁동규의 되돌아가는 화살 63

실험 화살을 반대로 쏴 보라고? 78

원리 왜? 화살이 반대로 보일까? 83

화장실 미션 3 여러가지 그림을 그려 유리컵을 대 보자! 85

에피소드 #4

초코를 위한 놀이의 발견 87

실험 되돌아오는 휴지심이 있다고? 104

원리 왜? 다시 되돌아오는 걸까? 109

화장실 미션 4 되돌아오는 휴지심으로 볼링을 해 보자! 111

에피소드 #5

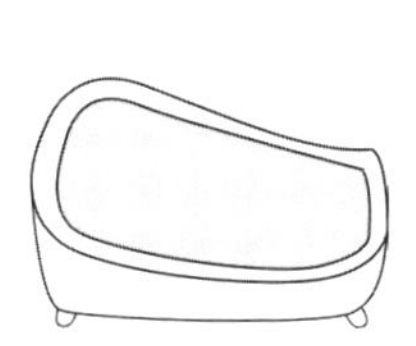

고양이와 함께 수조를 탈출하라 113

실험 물속에서 화장지가 안 젖는다고? 130

원리 왜? 물에 들어가는데 휴지가 젖지 않을까? 135

화장실 미션 5 나를 잘라 컵 안에 구겨 넣어 줘! 137

치카치카강을 건너라

"하나, 둘, 셋, 넷, 다섯… . 아, 벌써 몇 개 안 남았네!"

침대 이불 속에서 초콜릿을 먹으며 만화책을 보고 있던 상연이는 문득 초콜릿 개수를 세어 보며 속이 상했다. 가장 좋아하는 개구리 초콜릿이 벌써 5개밖에 안 남았기 때문이다. 분명히 어제 편의점에서 엄마에게 졸라서 10개씩이나 샀는데, 하루 만에 다섯 개나 먹은 것이다.

아빠가 부르시는 소리가 밖에서 들렸지만 상연이는 절대 침대 밖으로 나가고 싶지 않았다. 치과는 언제나 가기 싫은 곳인 데다 달콤한 초콜릿과 만화책은 그야말로 환상의 짝꿍이라 방해받고 싶지 않은 순간이기 때문이다.

"으…. 치과 가기 싫은데…. 난 그냥 초콜릿 먹으면서 만화책이 보고 싶다고요!"

혼잣말하며 상연이가 더욱 이불 속으로 숨어들던 그때. 아빠는 결국 참지 못하고 들어오셔서 이불을 확 걷으며 말씀하셨다.

"김상연! 너 지금 충치를 치료하지 않으면 훨씬 더 아프게 될 거야. 그래도 괜찮아?"

잠시 뒤 상연이는 동네에서 유명한 '치카치카 어린이 치과' 대기실에 앉아 있었다. 겨우 양치를 하고 아빠 손에 이끌려 치과에 왔지만, 오자마자 다시 집에 가고 싶었다. 읽다 만

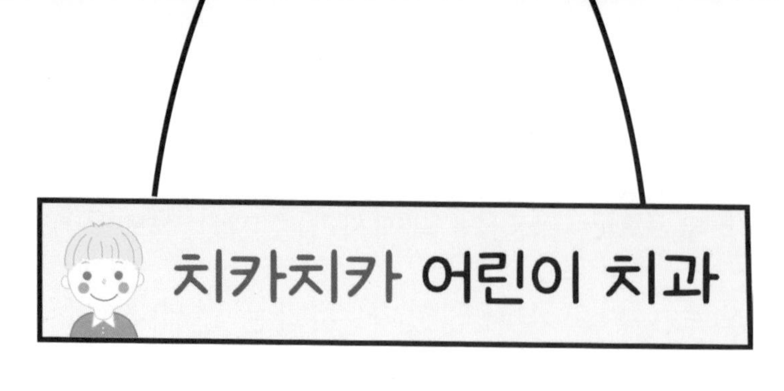

만화책도 너무 궁금했고, 주머니에 들어 있는 달콤한 초콜릿도 얼른 꺼내 다시 입에 물고 싶었다.

게다가 치과에서 들리는 소리는 그야말로 무시무시했다. "윙윙~", "칙칙~" 하는 기계 소리도 무섭지만, 갑자기 들리는 울음소리는 더욱더 무서웠다.

"아빠, 꼭 오늘 치료받아야 해요? 나 너무 무서운데…."

" 너무 아프면 어떻게 해요. 쟤도 정말 아픈가 봐. 아까부터 울고 있는 것 같다고요."

상연이는 오늘은 그냥 집으로 돌아가고만 싶었다. 자꾸 들리는 또래 친구들의 울음소리에 치료실에 들어갈 용기가 도저히 나지 않았다.

"그러게 엄마 아빠가 뭐랬어? 음식을 먹으면 바로 양치를 해야 충치가 안 생긴다고 했잖아. 그런데 너 매일 그렇게 초콜릿 먹으면서 양치할 때만 되면 요리조리 도망가더니, 지금 충치가 두 개나 생겼잖아."

상연이는 괜히 말했다는 생각이 들었다. 집에 가고 싶은 상연이의 바람과 달리 아빠는 엄마보다 더한 잔소리 폭탄을 쏟아부었기 때문이다.

"치! 아빠 미워!"

상연이는 괜히 서러운 마음에 화장실로 갔다. 하지만 아빠는 단단히 마음을 먹으셨는지 큰 소리로 말씀하셨다.

“충치대장, 김상연! 다음에 너 치료 받으러 들어갈 차례야!”

“치! 알겠다고요!”

뛰듯이 화장실에 와서 문을 잠근 상연이는 이제는 진짜 무서운 생각이 들면서도 왠지 화가 났다.

“아, 어떡하지? 양치질도 진짜 하기 싫고, 충치 치료도 받기 싫고! 아, 정말 싫다고요!”

상연이는 혼잣말하며 괜히 화풀이하듯이 화장실 문을 발로 뻥 찼다.

"덜컹…, 덜컹…."

"어? 왜 이러지? 난 그냥 발로 한 번 찬 것뿐인데…."

갑자기 화장실 문이 덜컹거리더니 이제는 변기까지 쿵쾅거리는 소리를 내기 시작했다.

"아빠~, 엄마~! 나 무서워요! 무섭다고요! 화장실이…, 이상하다고요…! 으아아아~!"

화장실 익스프레스~~~!!

♬ 초콜릿~, 달콤한 초콜릿이 좋아~.♪
여기는 달콤한 초콜릿 나라~.♬

"음냐 음냐~ 맛있다~. 엄마, 이거 더 주세요…. 음냐…."

상연이는 코로 들어오는 달콤한 향과 귀에서 들리는 신나는 노랫소리에 입맛을 다시며 눈을 떴다. 분명 화장실에서 덜컹거리는 게 무서워 눈을 꼭 감았는데, 다시 눈을 뜬 이곳에는 전혀 다른 세상이 펼쳐져 있었다.

"우와~ 저 분수 좀 봐! 우리 동네 광장 분수보다 훨씬 멋있는 초콜릿 분수잖아! 와, 이건 초콜릿 탑이네! 진짜 높다!"

분수와 탑은 물론 이곳에 있는 모든 것은 다 초콜릿으로 만들어져 있었다. 꽃도 나무도, 심지어 뛰어가는 개구리도 모두 초콜릿으로 된 초콜릿 세상이었다. 너무 신난 상연이는 초콜릿 수돗가로 달려가 입을 크게 벌려 초콜릿 수돗물을 한 입 막 먹는 참이었다. 그런데 그때!

"쩝쩝~ 냠냠~ 누가 내 초콜릿을 먹었어? 냠냠~ 쩝쩝!"

어디선가 초콜릿을 씹어 먹는 소리와 함께 호통치는 소리가 들려왔다. 무심코 소리 나는 쪽으로 고개를 돌린 상연이 앞에는 검고 둥근 머리에 뾰족한 뿔이 달린 괴물이 초콜릿을 입에 잔뜩 물고 먹으며 서 있었다. 상연이는 그 자리에서 얼음이 되고 말았다.

"누…, 누구세요?"

"쩝쩝~, 냠냠~! 누가 내 초콜릿을 먹었어? 냠냠~, 쩝쩝!"

이번에는 반대 방향에서 같은 소리가 들렸다. 고개를 돌려 보니 똑같이 생긴 무시무시한 괴물이 초콜릿을 잔뜩 먹으며 상연이를 쳐다보고 있었다. 그뿐만이 아니었다. 하나, 둘, 셋…. 초콜릿 세상 곳곳에 같은 모습의 괴물들이 초콜릿을 먹고 있는 게 아닌가! 상연이는 다리가 후들후들 떨리고 무서워지기 시작했다. 살금살금 뒷걸음쳐서 도망가려던 때, 어디선가 아주 큰 소리가 들렸다.

누가 내 초콜릿을 먹었어!!
냠냠~, 쩝쩝!

"초콜릿 세상은 모두 우리 충치 괴물 거야! 그 누구도 우리의 초콜릿을 먹을 순 없어! 먹으면? 우리가 꿀꺽할 거야! 쩝쩝~ 냠냠!"

무시무시한 소리를 낸 건 초콜릿 탑 꼭대기 있던 충치 괴물이었다.

"쿵!"

탑 꼭대기에 있던 충치 괴물은 커다란 소리를 내며 바닥으로 뛰어내리더니 다른 충치 괴물들과 함께 상연이를 향해 쿵쿵거리며 다가오기 시작했다.

"으~, 아~! 오지 말아요! 오지 마!"

상연이는 냅다 뛰기 시작했다. 운동회에서 달리기할 때보다도 더 열심히 뛰었다. 그렇게 도망가지 않으면 금세 초콜릿 괴물 입속으로 들어갈 것 같았기 때문이다.

한참을 뛰자 강물이 보였다. 수영할 줄 모르는 상연이는 이번에는 다른 쪽으로 열심히 뛰었다. 그런데 그쪽도 강물이 나왔다. 그러고 보니 초콜릿 세상은 둥그런 섬처럼 생겼고 강이 둘레를 빙 두르고 있었다.

"어쩌지? 큰일이네. 나는 수영도 못하는데 사방이 강이잖아! 여길 어떻게 건너지?"

마침 배 한 척이 있었지만, 저을 수 있는 노가 어디에도 보이질 않았다. 게다가 이 배는 두꺼운 종이로 만들어진 것 같았다.

'노라도 있으면 일단 이 배를 탈 텐데….'

상연이가 고민하는 사이 초콜릿 괴물들은 초콜릿 나무 사이로 뿔이 보일 정도로 훌쩍 다가와 있었다. 상연이는 너무 무서워서인지 손에서 땀이 다 났다. 땀을 닦으려고 바지를 문지르던 상연이는 주머니에 치과에서 나눠 준 치약이 들어 있는 걸 발견했다.

'이건? 아까 치과에서 선물로 준 걸 내가 주머니에 넣었구나….'

상연이는 치약을 보자 과학 실험 시간에 했었던 **표면장력** 실험이 생각이 났다. 그리고 초콜릿 괴물의 한 입 거리가 되느니 모험을 하기로 했다.

"여기 종이배 뒤쪽 바닥에 치약을 바르면…."

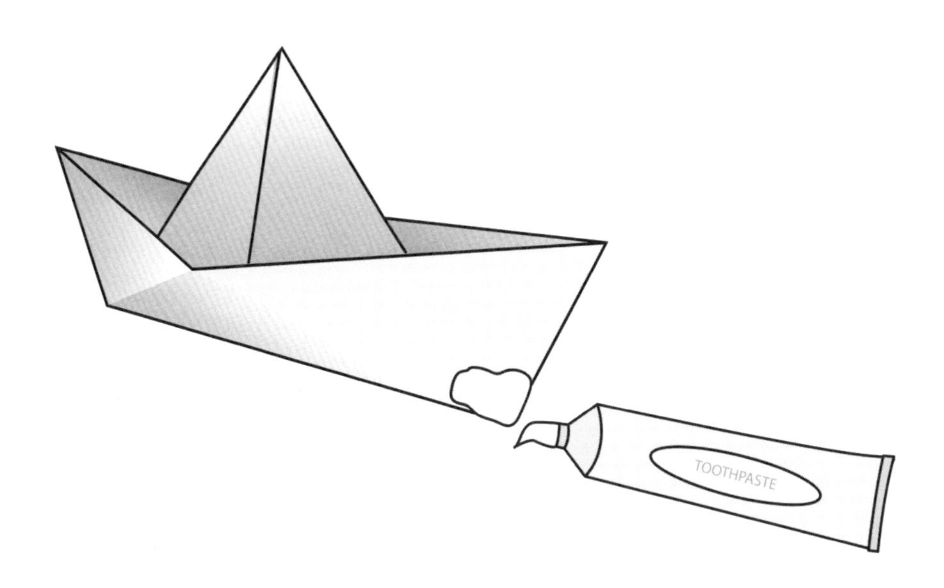

상연이는 열심히 배 바닥에 치약을 바른 다음, 배를 물 위로 띄우면서 올라탔다. 그 순간 충치 괴물이 손을 뻗어 상연이를 잡아채려 했지만 다행히 상연이가 탄 배는 미끄러지듯이 앞으로 나아가기 시작했다. 그리고 충치 괴물들은 물을 무서워하는지, 강물로 들어오지는 않았다.

"야호! 살았다! 내가 해냈어! 내가 충치 괴물을 따돌렸다아~!"

상연이는 너무 신이 났다. 충치 괴물을 아슬아슬하게 물리친 게 너무 기분이 좋아서 배 위에서 펄쩍펄쩍 뛰었다.

"앗 차가워!"

아뿔싸! 상연이가 뛰는 바람에 종이배에 물이 들어차고 있었다. 게다가 바른 치약이 부족했는지 종이배는 더 앞으로 나아가지 못하고 강 한가운데 멈춰 버렸다. 물이 점점 더 들어차자 상연이는 무서움에 눈을 감고 울음을 터뜨리고 말았다.

아빠! 엄마!
나 수영 못하는데!
나 진짜 무서운데! 으앙~!

"상연아, 상연아! 치료 잘 끝났으니 그만 울어. 우리 아들 잘했어!"

상연이가 눈을 떴을 때 눈앞에는 치과 의사 선생님이 보였다. 그리고 그 옆에는 아빠가 걱정스러운 표정으로 상연이를 바라보고 있었다.

'나 초콜릿 괴물에 쫓겨서 분명히 강을 건너고 있었는데…. 꿈을 꾼 건가?'

상연이는 꿈인지 현실인지 너무 헷갈렸지만, 정말 다행이라는 생각에 안심이 되었다. 물에 빠지지도, 초콜릿 괴물에 먹힐 걱정을 하지 않아도 됐으니 말이다. 게다가 충치 치료도 잘 끝났다니 더더욱 기분이 좋아졌다.

"치료 잘 끝났어요, 김상연 어린이. 앞으론 초콜릿 좀 줄이고, 먹고 나서는 양치질 꼭 하세요!"

의사 선생님은 상연이에게 어린이 치약을 선물로 주시며 말씀하셨다.

"네! 치약 덕분에 충치 괴물한테서 도망칠 수 있었으니 앞으로 양치질 빼먹지 않을게요!"

아빠와 선생님은 도통 무슨 말인지 모르는 표정이었지만, 상연이는 기분 좋게 치과를 나섰다. 초콜릿 맛 어린이 치약을 들고서!

변기박사의 과학실험

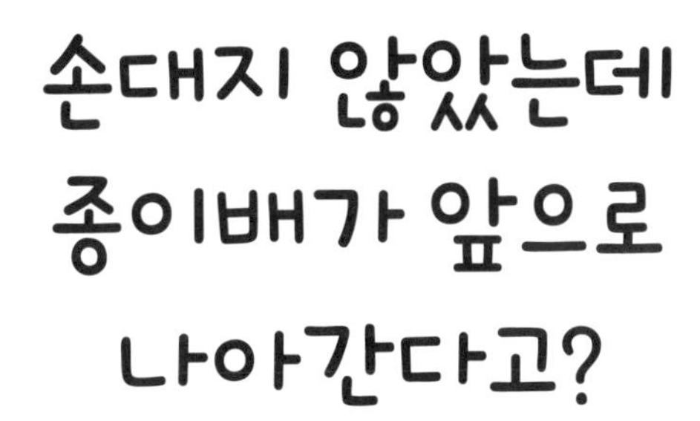

치약을 이용해 종이배를 물 위로 나아가게 해 보자. 종이와 치약만 있으면 나만의 배를 만들어 물 위에 띄울 수 있다. 단, 배의 바닥 한쪽에만 치약을 발라야 한다는 걸 기억하자!

준비물

종이(도안), 펜, 테이프, 가위
면봉, 물

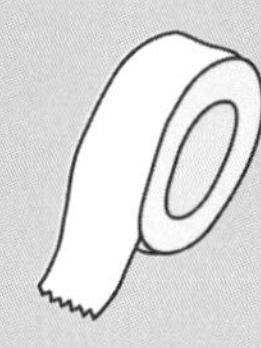

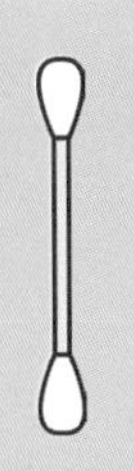

변기박사의
과학실험

활동 1 미션 1 도안을 준비하고 배 모양으로 자른다.

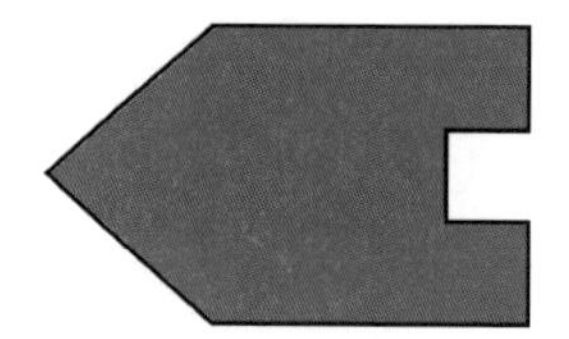

활동 2 앞면, 뒷면 모두 테이프로 붙여서 물에 젖지 않게 한다.

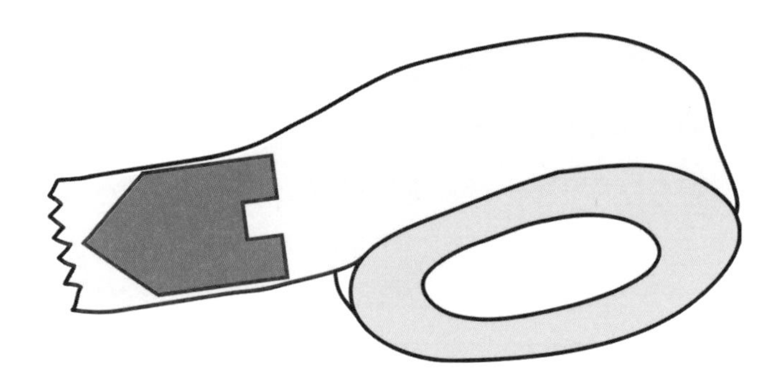

활동 3 테이프를 잘라서 배 모양을 예쁘게 다듬어 준다.

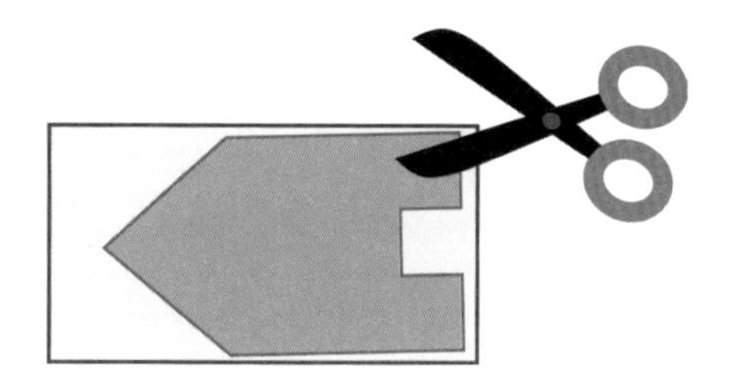

활동 4 면봉에 치약을 묻힌 다음, 배의 끝부분에 발라 준다.

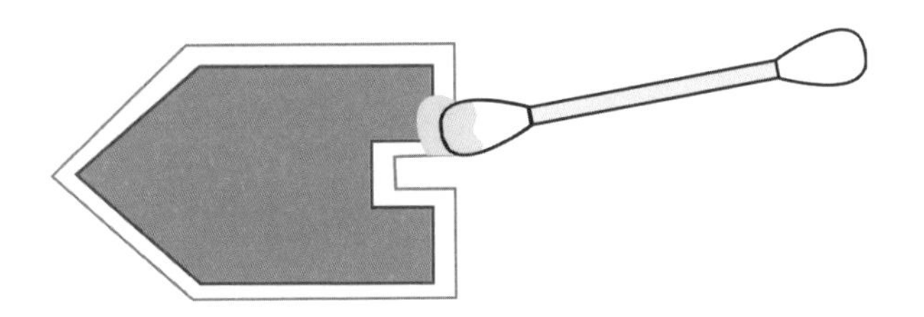

활동 5 종이배를 수조나 세면대 물 위에 띄워 보자.

왜? 종이배가 앞으로 나아갈까?

어떤 원리일까?

물은 동그랗게 모이려는 성질이 있어요. 물을 이루고 있는 분자들끼리 서로 잡아당기는 힘이 있는데, 이 힘 때문에 물이 동그란 모양이 된답니다. 이 힘을 표면장력이라고 해요.

우리가 매일 쓰는 치약에는 대부분 '계면활성제'라는 성분이 들어 있어요. 이 성분은 물 분자끼리 잡아당기는 힘을 약하게 만들어요. 그래서 배의 뒤쪽에만 치약을 바르면 뒤쪽으로 물 분자들끼리 당기는 힘이 약해져요. 그 결과 물 분자들이 흩어지면서 배가 앞쪽으로 나아가게 된답니다.

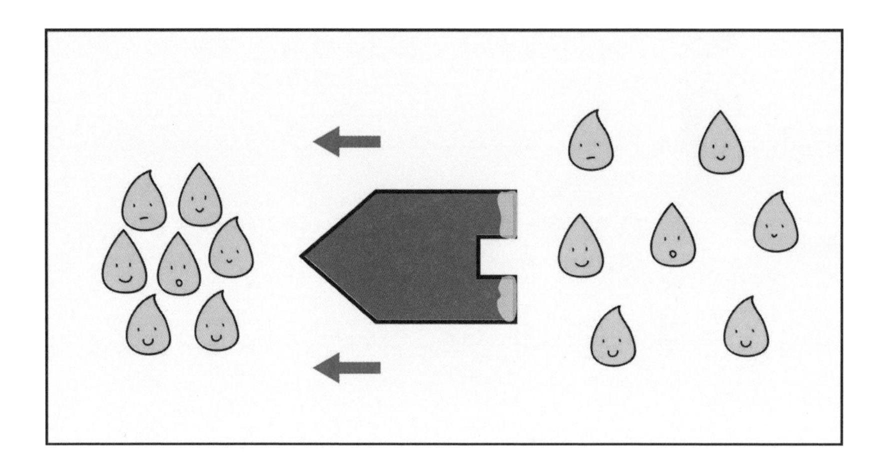

화장실 미션 1

물 위의 종이배를 앞으로 가게 하라!

인어공주의 편지

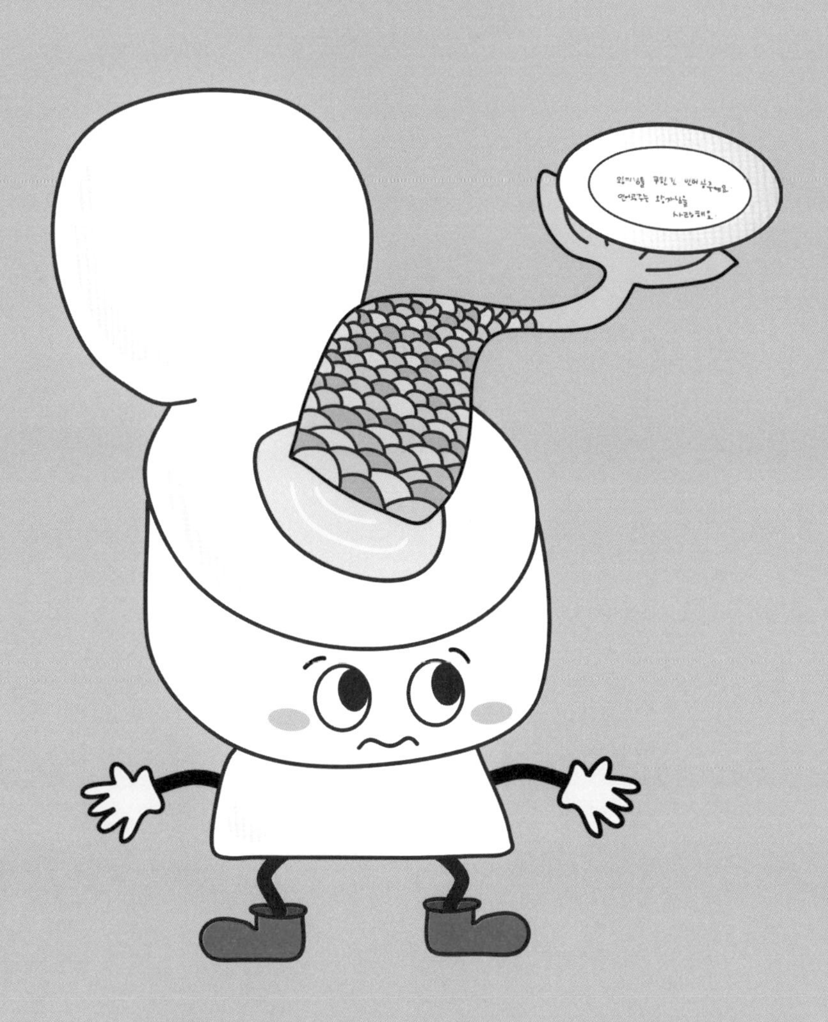

"아, 어떡하지? 오늘은 꼭 성공하고 싶은데!"

고은이는 수업이 끝나자마자 학원 입구에서 명수를 기다렸다. 벌써 일주일째 반복되는 일이었지만 오늘은 굳게 다짐을 한 터였다.

"분명히 준비를 단단히 했는데, 왜 명수 앞에만 서면 말을 못하겠지?"

사실 고은이는 명수에게 고백하려던 참이었다. 처음엔 편지를 써 볼까도 생각했는데 왠지 편지는 오글거리는 것 같았다.

휴대전화로 문자 메시지를 보내 볼까도 했지만 그건 또 누군가 볼 것 같았다. 결국 직접 만나서 말로 하는 게 좋겠다고 생각한 고은이는 매일 학원 끝날 때 맞춰 명수를 기다렸다.

하지만 매번 고백은 실패했다. 무슨 일인지 명수 앞에만 서면 입이 딱 붙어서 말이 나오지 않았기 때문이다. 그래서 어제도 고백은 하지 못하고 유행하는 아이돌에 관해 이야기하며 집으로 돌아갔다. 하지만 오늘까지 실패할 수는 없었다.

"고은아, 같이 가자!"

생각에 빠진 고은이 귀에 명수의 목소리가 들려왔다. 수업을 마치고 나오고 있었다.

고은이는 단단히 마음을 먹고 명수를 쳐다보았다. 그런데 이게 웬일? 명수를 보고 손을 흔들어 인사했지만, 그때부터 몸이 굳은 것처럼 움직이지 않았다.

심지어 삐걱거리는 느낌이 들면서 손에 땀도 나기 시작했다.

'으…, 나 또 긴장했나 봐. 어떡해!'

고은이는 이제 눈물이 핑 돌 지경이었다. 그런 고은이의 마음을 아는지 모르는지 언제나처럼 명수는 활짝 웃는 얼굴을 하고 벌써 거의 앞까지 다 와 있었다.

“윽! 배 아파! 명수야, 나 잠깐 화장실 좀!”

“어? 그…, 그래!”

명수랑 만나기 직전 고은이는 배 아프단 핑계를 대며 급하게 화장실로 도망쳐 버렸다. 아니 사실은 너무 긴상되고 떨려서 실제로 배가 아픈 것도 같았다.

“휴~. 나 또 이렇게 고백 실패하려나 봐.”

화장실 안에 혼자 가만히 있으니 배가 아픈 건 사라지는 것 같았다. 하지만 고은이는 아직 밖으로 나갈 용기가 나지 않았다. 그래서 화장실 문고리를 잡고 나갈까 말까 만지작거리고만 있었다.

“문을 열고 나가서 고백할까, 말까. 진짜로 할까, 말까. 그래! 하자!”

한참 고민하던 고은이는 드디어 다짐하고는 눈을 꼭 감은 채 화장실 문을 활짝 열었다.

하지만 무슨 일인지 너무 환해서 눈을 뜰 수 없었다.

"으! 눈부셔! 뭐지?"

게다가 갑자기 세상이 어지럽게 빙글빙글 돌아가기 시작했다. 고은이는 눈을 꼭 감은 채, 너무 무서워 소리를 크게 질렀다.

"명수야~, 도와줘~~!"

"아, 짜! 퉤퉤~."

고은이가 눈을 떴을 때 그곳은 화장실이 아니라 바닷가였다. 반짝이는 모래사장이 펼쳐져 있었는데, 바닷물이 입에 들어갔는지 입에서 짠맛이 났다. 그리고 고은이를 구해 준 낯선 얼굴의 언니가 다행이라는 표정으로 고은이를 쳐다보고 있었다.

"누…, 누구세요?"

고은이는 이 사람이 누구인지, 여기가 어디인지 묻고 싶었다. 하지만 고은이의 말이 끝나기도 전에 사람들이 웅성거리는 소리가 나기 시작했다.

"왕자님이 오신다!"

'왕자님? 동화에 나오는 그 왕자님?'

고은이는 믿을 수 없었지만, 실제 저 멀리 동화 속에서나 보던 화려한 마차가 바닷가로 오고 있었다. 마차에 타고 있는 왕자님은 옆에 공주님과도 같이 있었는데, 고은이를 구해 준 언니는 그 모습을 아무 말 없이 슬픈 눈으로 바라보고만 있었다.

"잠깐! 나 이거 어디서 본 것 같은데…. 아, 뭐더라…, 뭐더라…. 그래! 인어공주!"

동화 〈인어공주〉 속에서 인어공주는 사랑에 빠진 왕자를 만나기 위해 문어 마녀에게 목소리를 내주고 다리

를 얻는다. 육지로 올라온 인어공주는 위기에 처한 왕자를 구해 내지만, 왕자는 목숨을 구해 준 인어공주를 알아보지 못한다. 결국 인어공주는 왕자의 사랑을 얻지 못하고 저주에 걸려 물방울이 되어 사라진다는 슬픈 이야기였다.

고은이는 자신이 동화 속에 들어와 있다는 사실이 믿기지 않았다. 하지만 당황할 틈도 없이 왕자님과 공주님이 바닷가에 있던 배에 올라타는 모습은 동화와 똑같았다.

"인어공주, 맞죠? 문어 마녀에게 목소리 뺏긴 거죠? 왕자님을 구해 줬는데 목소리가 안 나와서 말을 못한 거잖아요?"

고은이는 인어공주와 함께 배에 오르며 질문을 퍼부었지만, 목소리를 잃은 인어공주는 슬픈 표정만 지을 뿐 아무 말도 하지 못했다. 그사이 왕자님은 공주와 함께 배 위에서 맛있는 음식을 먹고 춤을 추며 즐거운 시간을 보내고 있었다.

'인어공주를 도와주고 싶은데, 방법이 없을까? 목소리가 안 나오니 고백을 못하는 거잖아. 고백해야 왕자님을 구해 준 사람이 인어공주라는 걸 알 텐데….'

고은이는 어떻게든 인어공주를 도와주고 싶었지만 방법이 떠오르질 않아 답답했다. 그런데 그때, 갑자기 먹구름이 끼면서 비바람이 몰아치더니 파도가 높게 치기 시작했다.

"문어 마녀다!"

"쿠오오~! 쿠아아~!"

고은이와 왕자 일행이 탄 배 앞에 정말 거대한 문어 마녀가 바닷속에서 그 모습을 드러냈다. 무시무시한

빨판이 달린 긴 8개의 다리가 배를 감싸며 넘실거렸고, 그 바람에 연신 바닷물이 배 위로 흘러넘쳤다. 사람들은 왕자와 공주를 보호하고 안으로 대피시키려 했지만 워낙 거대한 문어가 배를 움켜쥐고 흔들고 있어서 쉽지 않았다.

"인어공주님! 인어공주님!"

고은이는 급히 인어공주를 찾았다. 문어 마녀의 저주로 벌써 물방울이 되었나 걱정이 되었기 때문이다. 배의 곳곳을 찾아다닌 끝에 고은이는 왕자님을 바라보며 눈물을 흘리고 있는 인어공주를 발견했다. 그리고는 깜짝 놀라서 소리를 질렀다.

"인어공주님! 손…, 손끝이…!"

벌써 인어공주의 손끝이 희미하게 흐려지고 있었기 때문이다. 조금만 더 지나면 몸 전체가 물방울로 변하면서 사라질 거였다.

'내가 인어공주를 도와줘야 해! 어떻게 인어공주의 마음을 문어 마녀 몰래 왕자님께 전할 수 있을까? 여긴 바다 한가운데라 종이도 없고 온통 물밖에 없는데….'

"덜그럭~."

발을 동동 구르며 도울 방법을 찾던 고은이의 눈에 왕자님이 식사하던 그릇이 보였다.

"그래! 접시에 물을 담고 고백의 편지를 쓰는 거야!"

고은이는 주머니에 있던 매직펜을 꺼내 하얀 접시에

인어공주가 왕자님을 살렸다는 내용과 함께 고백하는 마음을 썼다. 그리고는 물을 살살 붓고 왕자님 쪽으로 다가갔다.

"이게 무엇이냐?"

왕자의 물음에 고은이는 물이 든 접시를 살살 움직이며 말했다.

"왕자님, 이건 인어공주가 보내는 진심이 담긴 편지입니다. 부디 이 편지를 읽고 인어공주의 마음을 받아 주세…, …세! 으악…!"

고은이가 설명을 하려던 찰나, 갑자기 문어 마녀가 더욱 사납게 요동을 쳐서 배가 크게 흔들렸다. 그 바람에 고은이와 왕자님, 인어공주는 모두 붕 떠올라 바다로 떨어지고 말았다.

"읍읍…, 고백 편지…, 인어공주…, 안 되는데…. 읍읍…. 뽀글…."

"고은아! 내가 보여 줄 게 있다니까!"

고은이가 다시 정신을 차리고 보니, 동네 놀이터에서 명수가 활짝 웃고 있었다.

"어? 인어공주는? 왕자님은? 문어 마녀는?"

"하하~, 무슨 소리야? 그새 너 꿈꿨냐? 내가 준비한 게 있다고! 이걸 오늘 꼭 보여 주고 싶단 말이야~."

고은이는 무슨 일이 벌어진 건지 아직 얼떨떨하면서도, 오늘도 명수에게 고백하긴 글렀다는 생각이 들었다. 그러면서도 좋아하는 명수가 보여 줄 게 있다는 말에 금방 궁금증이 솟아났다. 그사이 명수는 접시와 물병을 꺼내며 뒤돌아서 무언가를 준비하고 있었다.

"뭔데? 뭘 보여 주겠다는 거야?"

"짜잔!"

뒤돌아 있던 명수가 짠 하고 내민 접시 위에는 물이 찰랑거리고 있었고, 고은이의 이름과 하트가 둥둥 떠 있었다.

'ㅇ'자가 제대로 안 떠올랐지만 그래도 고은이는 명수가 고백하고 있다는 걸 알 수 있었다. 명수도 고은이를 좋아하고 있었다는 생각에 얼굴이 기분 좋게 화끈거렸다.

"조금 특별하게 고백하고 싶어서 준비해 봤어. 어때? 하하~."

고은이는 좋으면서도 뭔가 아쉬웠다. 먼저 고백하려고 일주일째 도전했는데 결국 명수가 먼저 고백해 버렸기 때문이다.

"네가 고백해 주니 좋긴 좋은데…. 사실 고백은 내가 먼저, 인어공주를 다 구한 뒤에 내가 먼저 하려고 했었단 말이야! 명수야, 내가 먼저 고백하게 이 고백 한 번만 물러 주면 안 될까? 제발~!"

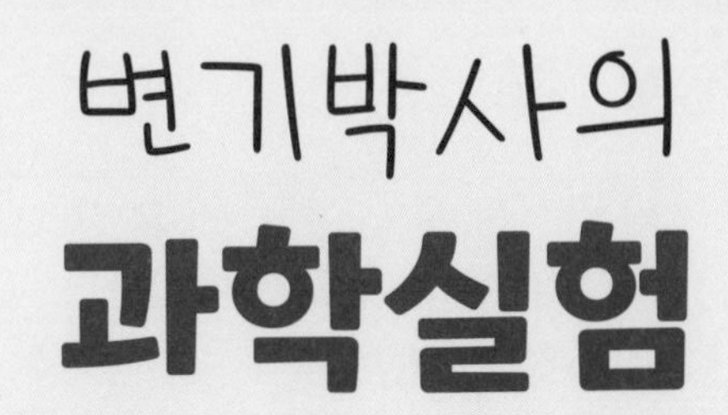
변기박사의
과학실험

변기선생

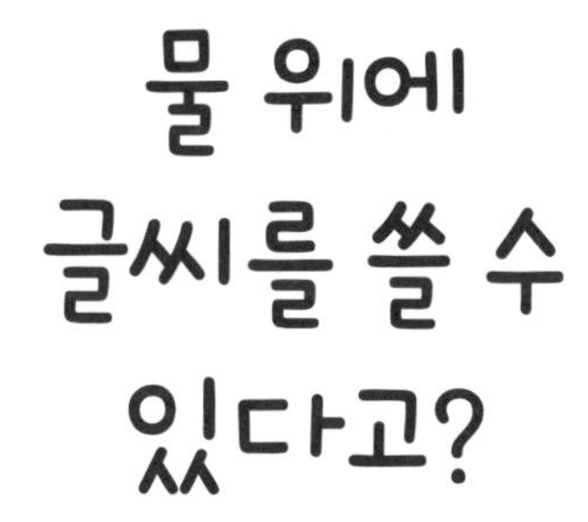

말로 하기 어려운 말이 있다면
물 위에 둥둥 뜨는 글씨를 써서 고백해 보자.
접시에 글씨를 먼저 쓰고 물을 부어야 하는 순서를
잘 기억하자. 글자가 깨지지 않도록 조심조심!

준비물

유성 매직펜, 물
흰 접시(유리 또는 도자기)

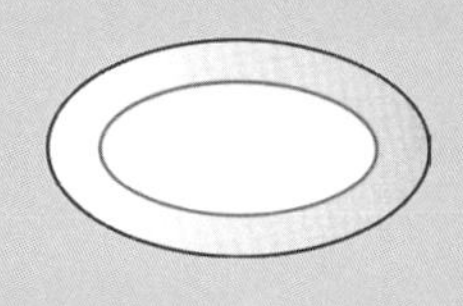

변기박사의

과학실험

활동 1 접시를 준비한다. 표면이 매끄러운 유리나 도자기로 되어 있는 흰 접시가 좋다.

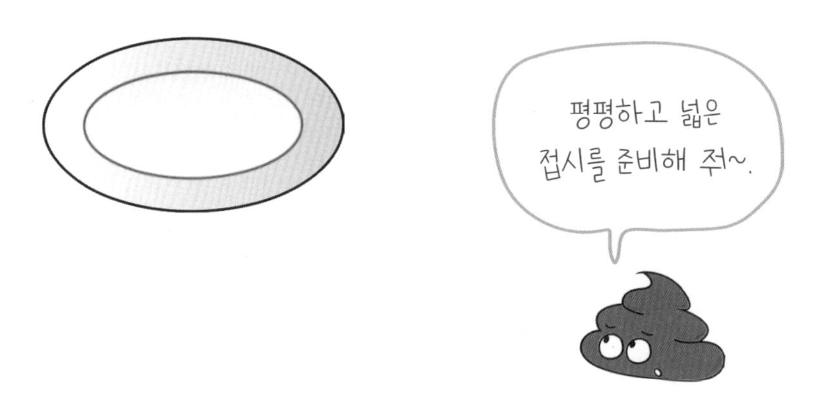

활동 2 유성 매직펜으로 접시에 글자를 쓴다.

활동 3 글자가 마르기 전에 접시에 물을 살살 붓는다.

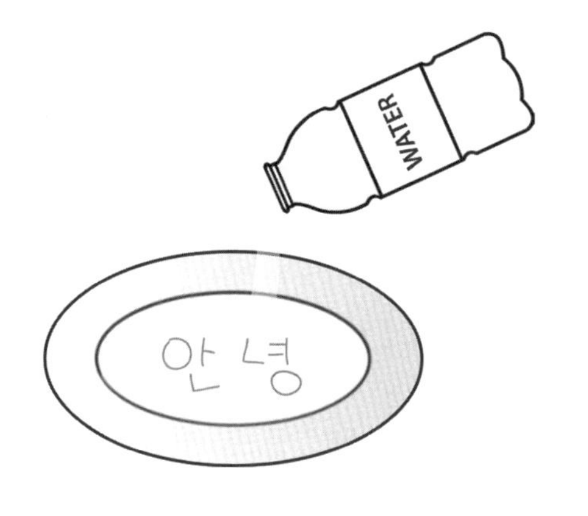

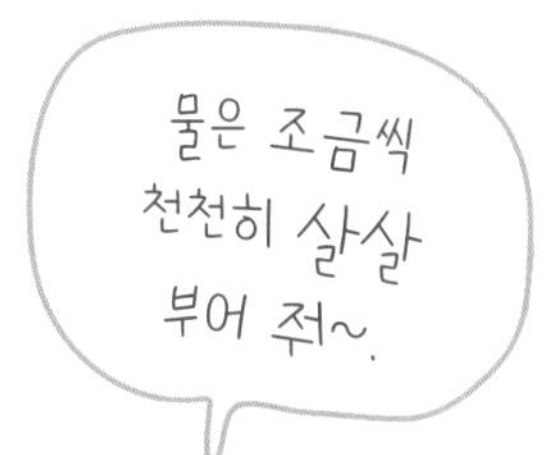

활동 4 글자가 깨지지 않도록 조심해서 접시에 담긴 물을 움직이면 글자가 물 위로 떠오른다.

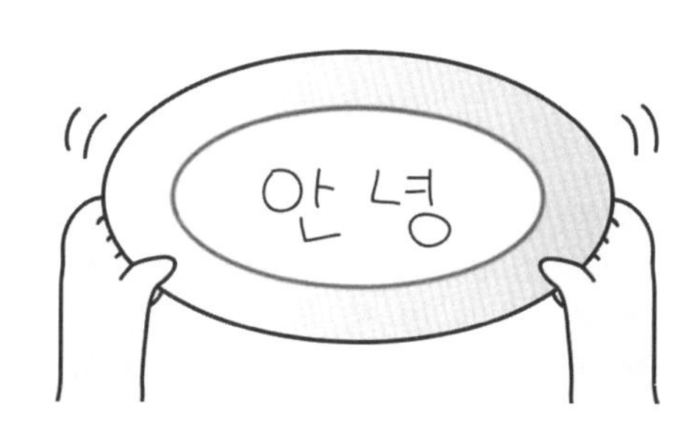

활동 5 물 위에 뜬 글자를 다시 종이로 낚시해서 건져 보자.
글자가 물 위에 떠 있을 때 종이 도안으로 살짝 덮어서
글자를 종이에 붙이면 된다.

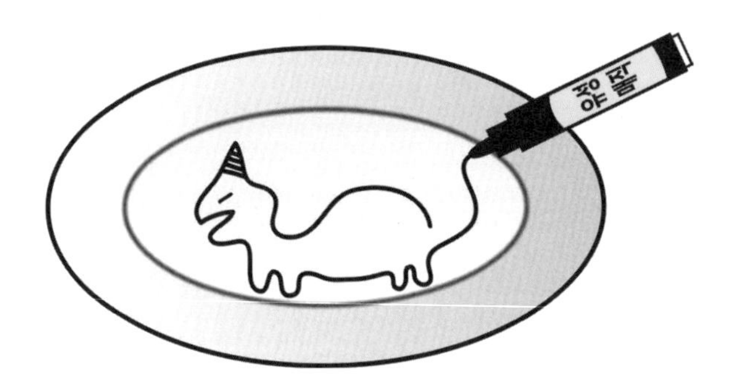

왜?
물 위에 글씨를 쓸 수 있는 것일까?

어떤 원리일까?

미끈하고 평평한 도자기 접시에 유성 매직펜으로 글씨를 쓰면 아주 선명하게 잘 써져요. 마치 종이에 쓴 것처럼 절대 안 지워질 것 같은데, 사실 접시는 코팅이 되어 있어서 글자로 쓴 잉크가 접시 위에 올려져 있는 상태랍니다.

유성 매직펜의 잉크는 주로 기름 성분과 알코올 성분으로 이루어져 있어요. 글자를 쓰면 공기 중으로 알코올 성분은 날아가고 기름 성분이 남아요. 그런데 물과 기름은 밀도가 서로 달라요. 즉 같은 부피라면 물이 기름보다 무거워요. 그래서 접시 위에 글자를 쓰고 물을 부어 살살 움직이면, 밀도가 낮은 기름이 물 위로 둥둥 떠오르게 된답니다.

코팅된 접시 위에 올려져 있는 잉크가 더 굳어서 접시에 붙기 전에 물을 부으면 접시에서 글자가 분리되는 것이죠. 잉크는 잘 떨어질 수 있어서 글자를 두껍고 굵게 쓰면 잘 찢어지지 않아서 물 위에 온전하게 글자를 띄울 수 있답니다.

화장실 미션 2

글자 낚시를 해 보자!

물 위에 뜬 글자를 다시 종이로 낚시해서 건져 볼까요? 글자가 물 위에 떠 있을 때 종이 도안으로 살짝 덮어서 글자를 종이에 붙여 보세요.

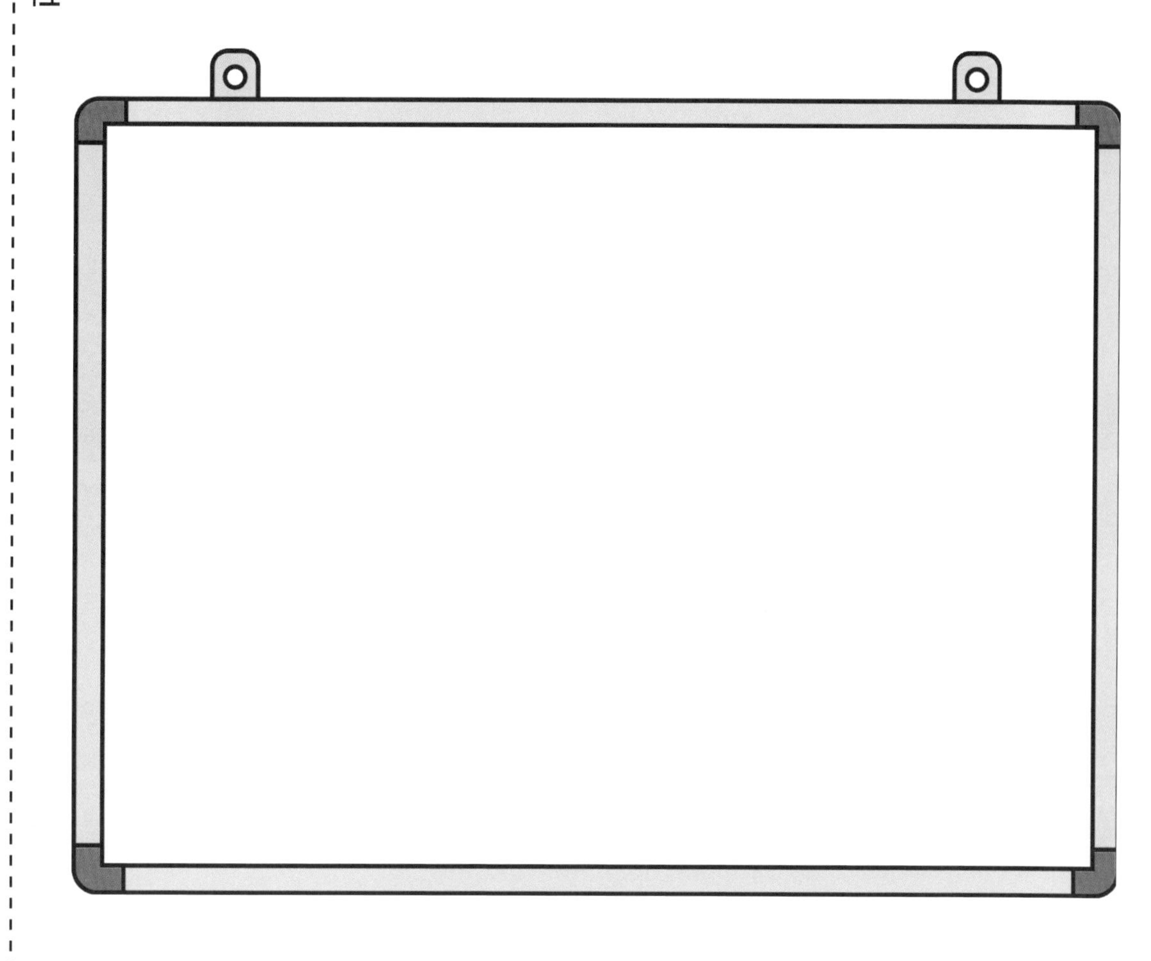

양궁동규의 되돌아가는 화살

“그게 된다고?”

된다면 된다. 민구가 그렇다면 그렇다.

“그게 이마에 붙을 수가 있어?”

아이들은 모두 그럴 리가 없다고 의심했지만, 민구는 아주 당당했다.

“**큐방**이라고 해. **흡착판**을 말하지. 고무처럼 말랑말랑한 소재로 되어 있는데, 뚜껑처럼 원 모양이야. 평평한 곳에 착 붙이면, 안에 있던 공기가 빠져나가면서 압력이 낮아지는 거야. 그래서 안 떨어져. 마치 공기가 접착제 역할을 해 주는 거지.”

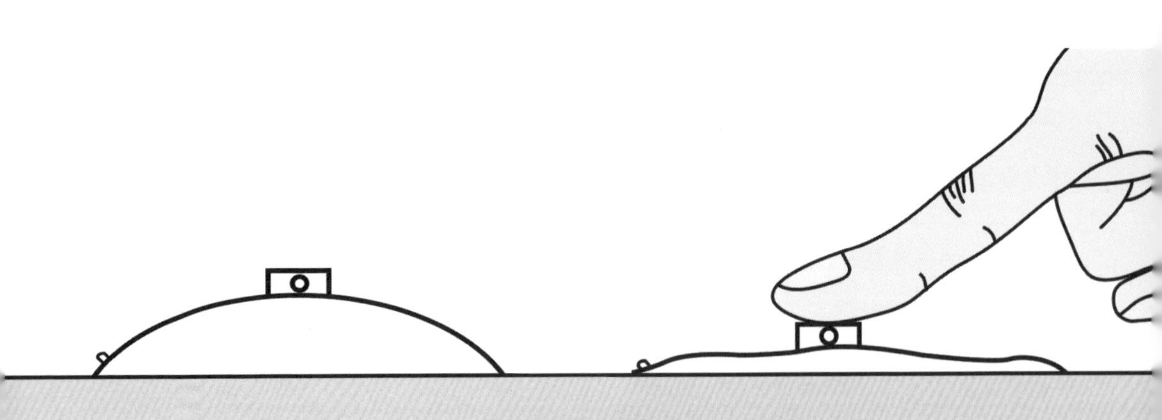

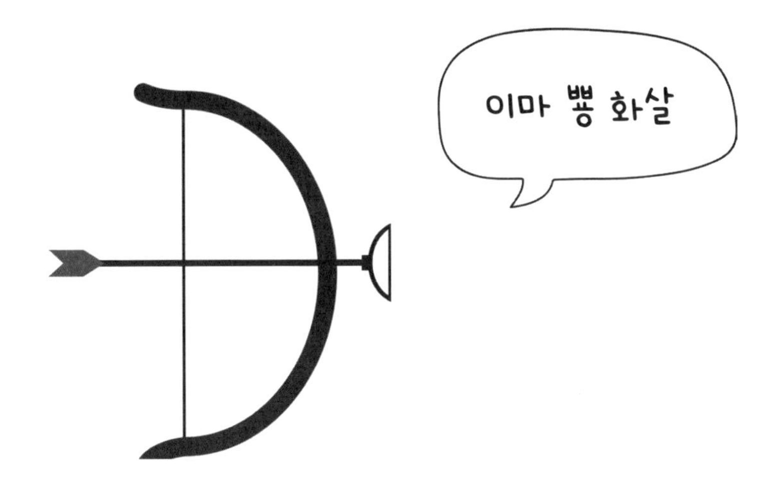

민구는 친구들의 메이커이자 해결사다. 이번에 발명한 건 다름 아닌 화살. 이름은 '이마 뽕 화살'이라고, 화살을 쏘면 이마에 뽕하고 붙는단다.

"그래, 쌀쌀마녀 채은이를 한 방에 보내 버릴 강력한 무기지. 이마에 이 화살이 '뽕' 하고 붙었다고 생각해 봐. 얼마나 웃기겠냐."

얼마 전 동규는 실수로 교실에서 방귀를 뀌었다고 채은이가 소문을 내는 바람에 동규가 방규가 된 사건을 잊을 수 없었다. 그래서 복수를 위해 민구에게 도움을 청했다.

작전은 이랬다. 채은이는 매일 왼쪽 복도 끝에 있는 현관으로 나간다. 현관으로 나가려면 한 번 꺾어야 하는데, 이때가 기회다. 미리 반대편에 숨어 있다가 꺾인 복도에서 나올 때 '이마 뽕 화살'을 쏘고 도망가는 거다.

“야, 이마도 넓은 애가 '이마 뿅 화살'이 이마에 붙으면 진짜 웃기겠다.”

“크크크, 코에 붙으면 대박이겠다.”

작전은 계획대로 착착 진행되었다. 수업이 끝나는 음악이 울리고, 채은이는 여느 때와 똑같이 가방을 메고 왼쪽 복도로 향했다. 민구가 만들어 준 이마 뿅 화살을 든 동규는 이미 복도 끝에서 쏠 준비를 마쳤다. 드디어 채은이가 목표 지점으로 걸어오고 있다. 동규의 마음속 마운트 다운이 시작되었다.

“5, 4, 3, 2 … .”

그리고

“발사!!!”

이마 뿅 화살은 동규는 손을 떠났다. 화살은 복도를 돌아 나오고 있는 채은이 이마를 향했다.

"앗!"

그런데 이게 웬일? 채은이 옆에는 선아가 있는 게 아닌가. 선아는 동규가 가장 좋아하는 친구다. 아니 동규의 짝사랑이다. 그러니까 지금 동규가 쏜 화살이 동규가 가장 좋아하는 선아의 작고 귀여운 이마를 향해 날아가고 있는 거다.

"안 돼~~~~~~~~~~~~~!!!"

동규는 뒤도 안 돌아보고 달렸다. 쥐구멍이라도 있으면 숨고 싶다는 말은 누가 만든 건지 이런 상황을 미리 알고 만든 것 같았다. 동규는 쥐구멍보단 큰 화장실로 뛰어 들어가 문을 잠갔다.

"아…, 망했다!"

울고 싶었다. 뚜껑을 닫은 변기 위에 털썩 주저앉았다.

"으아아아아~~~."

무슨 일일까. 분명히 뚜껑을 닫았는데, 변기 안으로 확 빨려 들어갔다. 기분만 그런 건지, 진짜로 빨려 들어간 건지. 잠시 정신을 잃은 것 같았다. 그리고 다시 눈을 떴다.

"뭐…, 뭐지. 내가 왜 이러지?"

동규는 변기에서 일어나 문을 열었다. 학교 화장실 그대로였다.

"아…, 선아한테 뭐라고 하지."

화장실을 나가 복도로 가고 있는데, 동규는 몸이 갑자기 굳어지는 것 같았다. 아까 사고 친 그 장면이 그대로 얼음처럼 굳어 있었다.

"내가 꿈을 꾸고 있는 건가."

복도를 돌아 나온 선아와 그 옆에 얄밉게 웃고 있는 채은이. 다행히 이마 뽕 화살은 예쁜 선아의 이마에 닿기 전이었다. 화살은 그대로 공중에 떠 있었다. 안타까운 사실은 정말 화살은 정확하게 선아의 이마를 향하고 있었다. 이 얼음

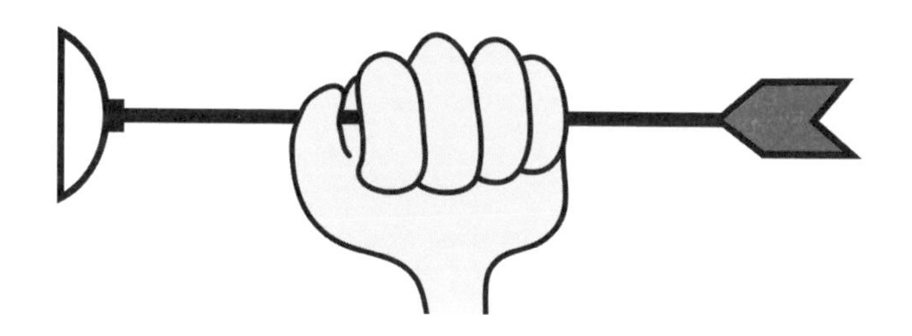

장면이 녹으면 바로 이마에 닿는 상황이었다.

"어쩌지… ."

동규는 화살을 돌려놓으려고 잡았다. 그런데 웬걸. 정말 화살은 얼음처럼 차가웠고 절대 움직이지 않았다. 아니 멈춰 버렸다기보다는 그림 같았다. 랙이 걸려서 정지해 버린 가상현실 속의 게임 안에 들어와 있는 것 같았다.

"**생각을 하자, 생각을 하자.**"

동규는 문득 생각이 났다.

"그래! 민구, 민구!"

우리 동네 해결사 민구라면 해결할 수 있을 것이다. 동규는 민구를 찾아 나섰다. 교실에는 없었다. 화장실에도 없었다.

"그래, 과학실이다!"

왠지 민구는 과학실에 있을 것 같았다. 아니 과학실에 있어야만 했다. 동규는 과학실을 향해 달렸다.

"아이쿠!"

복도를 돌아 나가는데, 누군가에게 부딪힌 것 같았다. 민구였다.

"아, 그래, 민구야. 너 여기 있었구나. 과학실 말고 그래 여기 있었어. 사실 말이야…."

민구가 얘기를 들어 줄 리가 없었다. 역시 민구도 멈춰 버

린 장면 속 캐릭터였다. 그래도 믿을 건 민구뿐이었다.

"민구야, 이럴 땐 어떡하냐. 화살을 돌리고 싶은데 방향을 바꿀 수가 없어."

말해 뭐 하나. 민구는 답이 없었다. 멈춰 버린 게임을 그냥 껐다가 켜 버리고 싶었다.

"아…, 어쩌지."

동규가 곰곰이 생각하고 있는데, 갑자기 민구가 들고 있는 컵이 보였다.

민구는 복도에 있는 정수기에서 물을 마시려고 했던 것 같았다. 오른손에는 민구가 늘 가지고 다니던 유리컵에 물이 반쯤 차 있었다. 물도 멈춰 버렸다. 얼음처럼 차갑지는 않았는데, 그냥 굳어 버린 액체 같았다.

"어? 가만있어 봐. 뭐지?"

민구가 들고 있는 물컵 너머로 보이는 풍경이 모두 반대로 되어 있었다. 오른쪽에 있는 교실은 왼쪽에 있고, 복도

끝 왼쪽에 있는 화장실은 교실과 자리를 바꿨다.

"뭐지? 원래 그런 건가?"

동규는 민구가 들고 있는 컵을 슬쩍 손에서 빼 보았다. 다행히 컵은 민구 손에서 살짝 뺄 수 있었다. 그리고는 컵을 통해서 다른 물체를 비춰 보았다.

"오~, 된다, 된다! 모든 게 반대로 보여!"

그렇다면 선아 이마를 향한 화살의 방향도 반대로 바꿀 수 있지 않을까? 동규는 멈춰 있는 민구를 뒤로한 채 다시 반대편 복도로 뛰었다. 왜 그런지 모르겠지만 왠지 화살은 선아를 향해 조금 더 가까이 와 있는 것 같았다.

"그래, 한번 해 보자!"

동규는 떨리는 손으로 최대한 차분하게 계단 손잡이 위에 컵을 올려놓았다. 그리고는 살짝 유리컵을 들여다봤다.

동규는 뛸 듯이 기뻤다.

"오! 그래. 이거야! 화살이 반대로 향하고 있어!"

"이렇게 화살표를 반대로 하고 화장실을 가자. 그러면 이제 다시 모든 게 정상으로 돌아올 수 있을 거야!"

계획은 완벽했다. 이제 화장실에서 모든 상황이 종료되기를 기도하는 수밖에 없었다. 동규는 아까 들어갔던 3번 화장실로 들어갔다. 다른 화장실이 아니라 조금 전에 들어갔던 바로 3번 변기로. 아까와 똑같은 자세로 변기에 앉아 카운트다운을 했다.

"5, 4, 3, 2…."

그리고

"발사!!!"

아까와 똑같은 느낌이 들었다. 뭔가 정신을 잃었고, 화장실 변기로 빨려 들어간 것 같았다.

"다시 돌아왔나?"

동규는 꿈에서 다시 깨어난 듯 화장실을 뛰쳐나갔다. 그리고 아까 화살을 쏘았던 그 복도로 달려갔다. 돌려놓은 화살이 있는 그곳으로. 마치 영화의 느린 화면 한 장면 같았다. 동규는 복도를 돌아서 기대하는 마음으로 선아를 바라보았다.

선아의 이마에는 '이마 뽕 화살'이 정확히 붙어 있었다. 작고 예쁜 이마에 꽂힌 화살은 정말 민구 말대로 성능이 좋았다. 흡착판은 선아 이마 사이의 공기를 압축시켜 압력이 낮아지는 실험 결과를 정확히 보여 줬다.

그날부터 동규의 별명은 **양궁동규**가 됐다. 안타깝지만 선아하고도 영원히 짝사랑으로 남게 됐다. 화살을 쏜 거리만큼이라고 해야 할까.

야!! 김동규!!
네가 그랬지!

변기박사의
과학실험

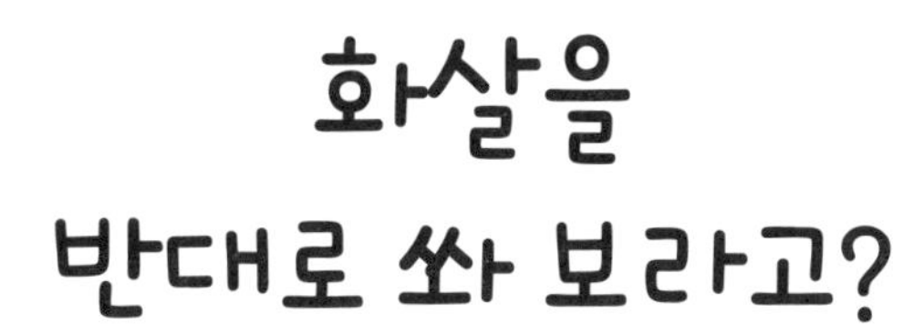

종이의 화살표를 반대로 향하게 만들어 보자. 다른 재미있는 그림들도 반대로 향하게 만들 수 있다. 단, 그림은 반드시 비대칭 그림으로!

준비물

종이, 굵은 펜, 유리컵, 물

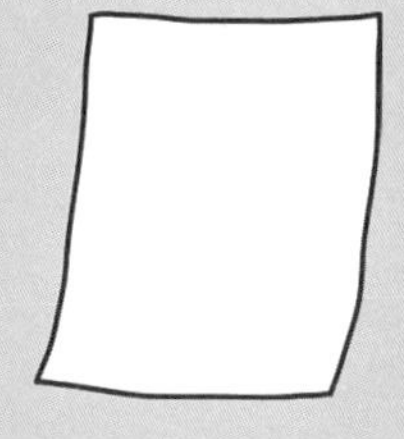

변기박사의 **과학실험**

활동 1 종이에 화살표를 그린다. 굵고 크게 그리면 좋다.

활동 2 유리컵을 준비하고 물을 가득 채운다.

활동 3 화살표 그림을 유리컵 뒤에 놓으면 화살표 방향이 바뀌어 보인다.

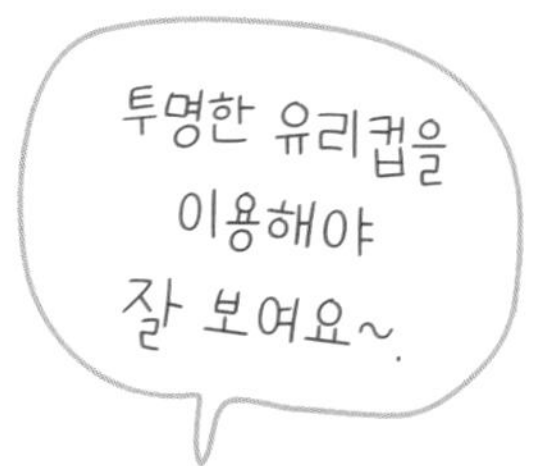

활동 4 다른 그림도 그려서 확인해 보자.

변기박사의
과학실험

활동 5 좌우 대칭이 다른 그림을 그려야 방향이 바뀐 걸 알 수 있다.

고양이가
반대로 앉았어!

왜?
화살이 반대로
보일까?

어떤 원리일까?

빛은 직진하는 성질을 가지고 있어요. 그리고 거울을 만나면 반사되는 성질도 있지요. 빛은 꺾이기도 해요. 공기 중에서 직진하던 빛이 물처럼 다른 물질을 만나면 속도가 달라지면서 꺾여 나가요. 이 현상을 '빛의 굴절'이라고 해요.

둥근 유리컵 안에 물을 담으면 하나의 렌즈가 돼요. 직진하던 빛이 둥근 유리컵의 물을 만나면 유리컵의 둥근 면을 따라 휘어지고, 다시 빛이 유리컵을 나오면 직진해요. 휘어진 빛이 직진하면 초점인 한 점에서 만나고 이후에는 서로 꺾여 반대로 가는 거예요. 우리가 눈으로 봤을 때 화살표가 반대로 보이는 이유가 바로 이런 빛의 직진과 굴절 성질 때문이랍니다.

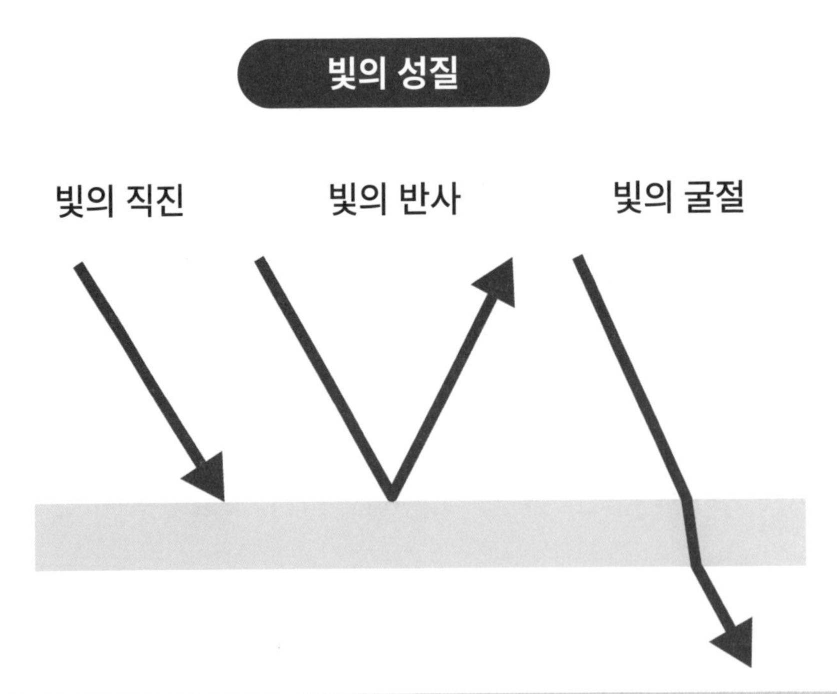

화장실 미션 3

여러 가지 그림을 그려 유리컵을 대 보자!

초코를 위한 놀이의 발견

"얼마 전에 아주 까만 친구가 집에 왔어요. 정말 발바닥만 빼고 모두 까매서 이름을 초코라고 지었어요. 그렇게 우리 가족은 모두 넷이랍니다."

은아가 발표를 마쳤다. 오늘은 학교에서 가족에 대해 발표하는 날이다. 어떤 이야기를 할까 고민하다가 얼마 전에 새 가족이 된 초코 이야기를 했다.

"은아야, 오늘부터 얘가 우리 식구다. 너 강아지 기르고 싶다고 했지?"

초코가 우리 가족이 된 건 일주일 전 일이다. 엄마 친구분이 안타깝게 교통사고를 당하셨는데, 그때 차에 함께 타고 있었던 강아지라고 했다. 사실 엄마 친구는 유기견 센터에서 자원봉사를 하시는 분인데, 유기된 강아지를 받아서 가시던 길에 교통사고가 났던 것이다.

"잘 모르겠어. 그냥 그런 사연이 있어서 그런지, 이 강아지를 보는 순간 우리가 키워야겠다는 생각이 들더라."

엄마 말을 가만히 듣고 있으니 강아지가 더 귀여워 보였다.

"엄마, 이 강아지 이름을 **초코**라고 지으면 어떨까? 털이 까맣기도 하고, 초콜릿처럼 많은 사람이 좋아하면 좋겠어."

그래서 그때부터 초코가 된 거다. 그런데 초코에게는 문제가 있다. 교통사고가 났을 때 너무 무서웠는지, 원래 성격이 소심해서 그런지 편하게 놀지 못한다. 공놀이를 좋아하긴 하는데, 공을 던지면 따라가진 못한다. 그래서 가장 좋아하는 건 공을 벽에 튀기는 것. 튀어나오는 공을 다시 잡는 건 너무 좋아하니까.

"아이고, 은아야. 벽에 공 튀기면 얼마나 시끄러운 줄 알아?"

역시 집 안에서 공놀이하는 것은 무리다.

"초코야, 우리 밖에 나갈까?"

초코랑 산책을 해도 주변에 차가 있으면 멈추고 걷질 못한다. 공원이 아니라면 은아는 초코를 안아서 데리고 다닐 수밖에 없었다.

이런저런 생각에 잠겨 걷고 있는데, 검은색 차가 코너를 돌면서 달려들었다. 건널목을 건너던 은아는 깜짝 놀라서

안고 있던 초코를 놓쳐 버렸다.

"아앗!"

깜짝 놀란 은아도 풀썩 주저앉고 말았다. 다행히 아무 사고 없이 차는 그냥 지나갔다.

"휴, 다행이네. 뭐 저런 차가 다 있냐… ."

툭툭 털고 일어나려고 하는데, 초코가 이상하다.

"어? 초코야, 왜 그래?"

너무 놀라서였는지, 아니면 떨어지다가 다쳤는지 한쪽 다리를 들고 덜덜 떨고 있었고, 오줌도 싸서 털에 모두 묻어 있었다.

"많이 놀랐구나. 저 아저씨 진짜 나쁘다."

은아는 초코를 씻기려고 다시 공원으로 갔다. 공원 놀이터 맨 안쪽에는 작은 화장실이 있다. 은아가 유치원에 다녔을 때부터 놀이터에서 놀다가 흙이 묻으면 엄마가 은아를 데리고 손을 씻겨 줬던 그 화장실이다.

"끄응 끄응…."

초코가 화장실에 들어가니 이상한 소리를 냈다.

"왜, 응가 마려워?"

은아는 초코를 안고 변기로 갔다. 평소에는 그냥 바닥에 응가를 했지만, 다리 다친 초코를 보니 왠지 도와줘야 할 것 같았다. 은아는 화장실 문을 닫고 초코를 안았다. 그런데 초코 표정이 너무 불안했다.

"왜 그래, 초코야."

초코 얼굴을 보고 있는데, 갑자기 변기에서 물이 빨려 들어갔다. 아니 물뿐만 아니라 초코도 은아도 몸이 빨려 들어가는 것 같았다.

"으아아아아아~~!!!"

눈을 떠 보니 은아가 화장실 변기에 앉아 있었다. 무슨 일이 일어난 거지? 안고 있던 초코는 화장실에 없었다.

"끄응 끄응… ."

초코가 밖으로 나간 걸까? 화장실 문밖에서 초코 소리가 들렸다.

"초코야!"

은아는 화장실 문을 벌컥 열고 뛰어나갔다.

"어?"

이게 무슨 일인가. 화장실 문밖은 낭떠러지였다. 공원 놀이터는 어디로 갔는지, 뒤를 돌아보면 그냥 화장실이고, 앞은 낭떠러지다. 반대편 낭떠러지에는 초코가 무서워서 떨고 있었다.

"초코야… ."

은아가 어쩔 줄 몰라 하고 있는데, 낭떠러지 아래에서 무슨 메아리 같은 소리가 들려왔다.

"걸으면 사라지는~, 건너면 사라지는~"

또렷하게는 안 들렸지만, 메아리는 계속 들려왔다.

"걸으면 사라지고, 건너면 사라진다고?"

무슨 소린지 잘 모르겠지만 하여간 길이 있다는 소리다. 초코를 살리려면 뭔가 건너편 낭떠러지까지 가야만 하고. 은아는 다시 낭떠러지로 갔다. 여전히 초코는 반대편 낭떠러지 끝에서 떨고 있었다.

"어? 잠깐만…."

가만히 낭떠러지를 보니 뭔가 희미하게 보였다.

"저거 혹시 레일이야?"아무것도 없는 낭떠러지가 아니라, 컴컴한 낭떠러지 위에는 잘 보이지는 않지만 다리가 있었다. 아마 초코는 저 다리를 따라 반대편을 갔을 것이다.

"바닥이 딱딱한가?"

은아가 다리에 발을 댔다.

"어? 뭐지?"

은아가 발을 대는 순간, 사라져 버렸다.

"그런 거야? 걸으면 사라진다는… ."

이번에는 은아가 돌을 하나 집어서 던져 보았다. 예상대로 던진 돌은 다리 위에 떨어졌다. 걷지 않으면 다리는 사라지지 않는다.

"그래! 그럼 뭔가를 타고 건너면 되겠네!"

은아는 화장실을 뒤져 보았다. 마지막 화장실 칸은 변기가 있는 곳이 아니라 물품을 보관하는 창고였다.

"그래! 이걸 이용하면 될 것 같아!"

창고에는 청소 도구가 가득했다. 그중에서 가장 눈에 띄는 건 커다란 파란색 통이었다. 아마 청소할 때 물을 담아 나르기 위해 쓰는 것 같았다. 통 아래에는 바퀴가 달려 있었다.

"바로 이거야! 그런데 어떻게 다시 오지? 건너면 다시 사라진다고 했잖아."

발 안 대고, 통을 타고 건넌다고 해도, 건너가면 다리가 사라질 것이다. 그럼 초코와 똑같이 건너편 낭떠러지에서 영영 돌아오지 못하게 된다.

"아…, 어쩌지."

곰곰이 생각하고 있는데, 문득 생각이 떠올랐다. 은아는 다시 창고를 살펴 보았다. 끈이라도 있으면 어디에 묶어 두고 잡아당기면서 올 텐데, 끈은 없었다. 걸레, 비누, 고무장갑, 세제, 수세미, 칼, 가위 같은 청소용품만 있었다.

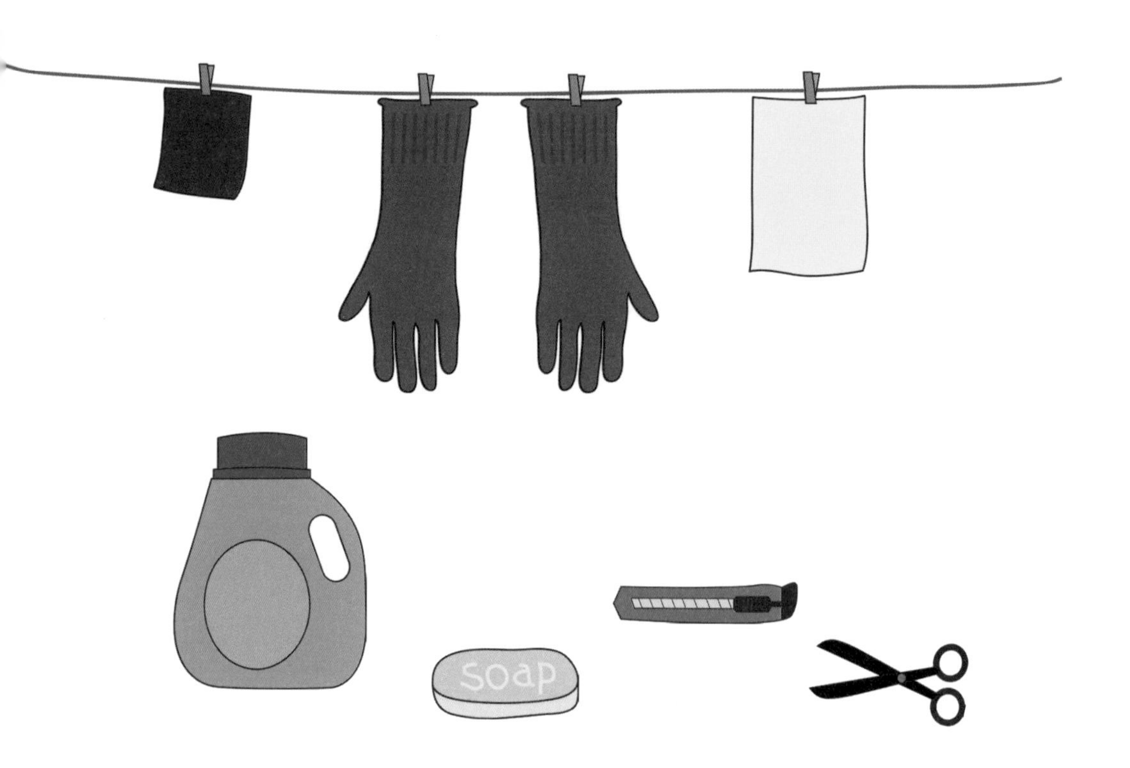

"고무장갑!"

은아는 문득 떠올랐다. 그리고는 가위로 고무장갑을 자르고 묶어서 고무줄을 만들었다.

"그래, 한번 해 보자고!"

고무장갑을 잘라서 만든 고무줄을 파란 통 아랫부분에 묶었다. 그리고 반대편 줄은 화장실 손잡이에 단단히 묶었다.

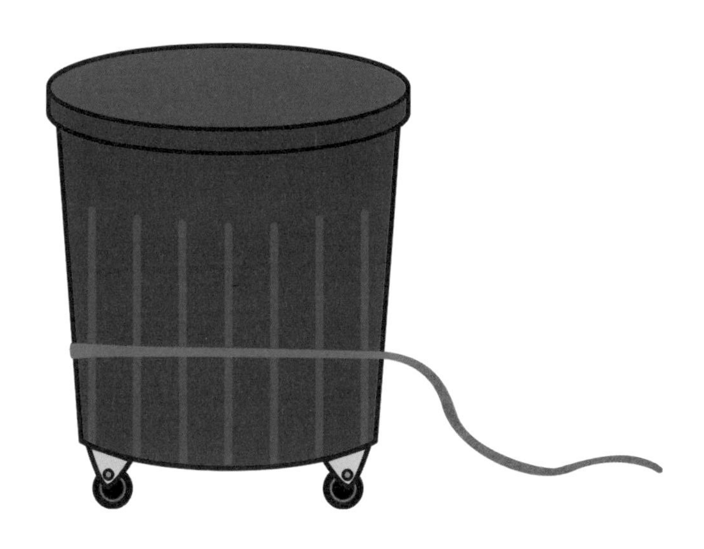

"하나, 둘, 셋!"

은아는 파란 통을 낭떠러지 끝에 두고, 화장실 끝부터 열심히 달려와서 힘껏 파란 통 위를 타고 밀었다. 예상대로 은아를 태운 파란 통은 낭떠러지 다리 위를 달렸다. 고무줄이 팽팽해지기 시작했고, 파란 통은 초코가 있는 건너편을 향했다. 이제 거의 다 초코에게 왔다.

"초코야, 뛰어! 앗, 이게 뭐야."

팽팽해진 고무줄이 다시 은아를 데려왔다. 초코에게 가기도 전에 끌려온 것이다.

"힘이 좀 부족했던 것 같아. 다시 돌아오는 건 확인했으니까, 이번에 더 세게 밀어 봐야지."

은아는 똑같이 통을 다리 앞에 두었다. 이번에는 갈 수 있는 가장 끝에 서서 달렸다. 정말 지금까지 달리기 한 것 중에서는 가장 빨리 뛰었다. 힘을 받은 파란통은 다시 초코를 향해 다리 위를 힘차게 달렸다. 이제 거의 다리 끝에 다다랐다.

"초코야! 지금이야!"

초코도 용기를 냈는지 은아에게 뛰었다. 은아와 초코를 담은 파란통은 고무장갑으로 만든 고무줄의 힘으로 다시 끌려왔다. 대성공이었다.

"어, 어… ."

고무줄의 힘이 너무 센 걸까. 초코를 구출한 것도 잠시, 가속이 붙은 파란통은 화장실 안으로 빨려 들어갔다.

은아의 얼굴이 차갑게 느껴졌다. 초코가 얼굴을 핥고 있다. 은아는 눈을 살짝 떴다. 무슨 일이었는지는 모르겠지만, 은아는 공원에 있는 화장실 변기에 앉아 있었다. 초코를 안은 채…. 은아는 화장실 문을 살짝 열어 보았다. 화장실 앞에는 커다란 바퀴가 달린 파란 통이 놓여 있었다.

"정말…, 파란 통이네."

꿈이었을까. 초코는 뭔가 고맙다는 듯이 계속 은하 손을 핥았다.

변기박사의 과학실험

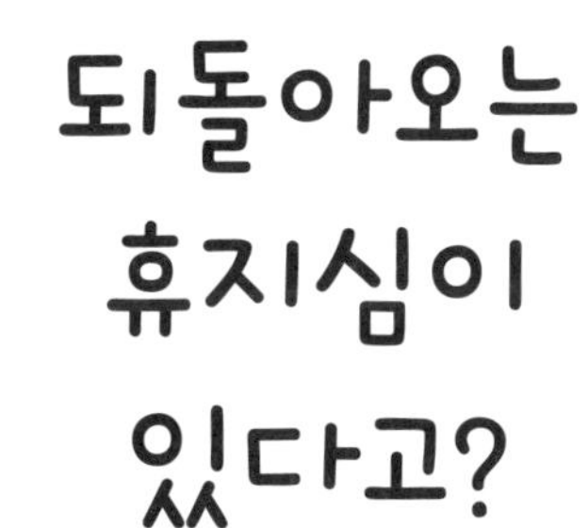

동전과 고무줄을 이용하여
되돌아오는 휴지심을 만들어 보자.
단, 고무줄을 사용할 땐 튕겨서 손이 다치지 않게
조심!

준비물

휴지심, 나무젓가락, 고무줄
동전, 테이프

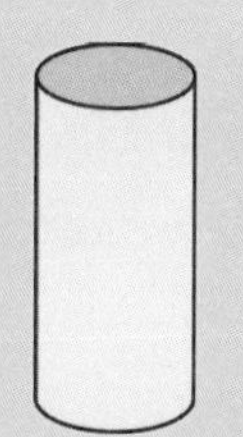
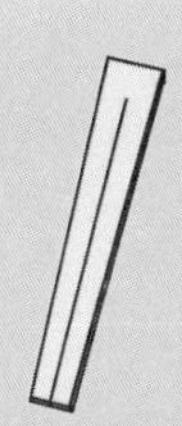

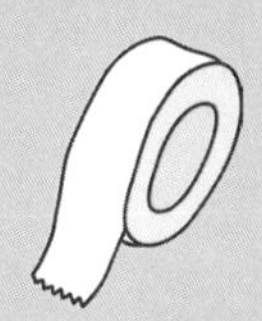

변기박사의
과학실험

활동 1 동전 5개를 테이프로 감아서 하나로 만든다.

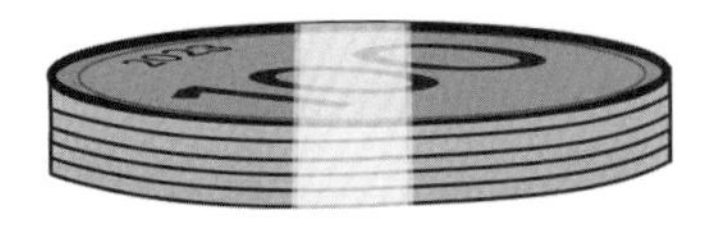

500원 짜리,
100원 짜리
뭐든 좋아요!

활동 2 나무젓가락을 휴지심 원 크기 정도로 2개 자른다.

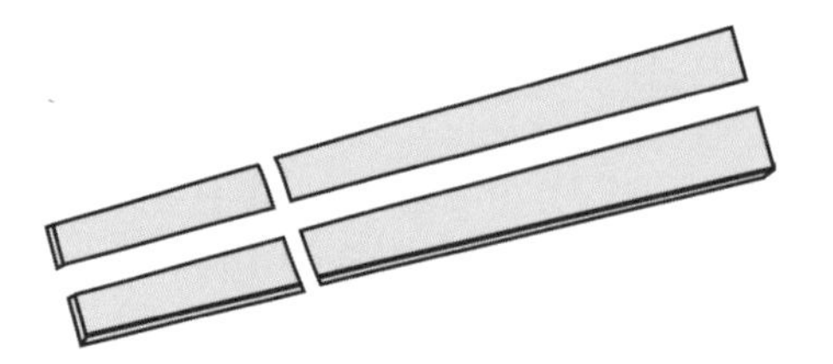

나무젓가락은
단단하니
어른의 도움을 받아
잘라요~.

활동 3 고무줄을 준비한다. 짧으면 두 개를 연결한다.

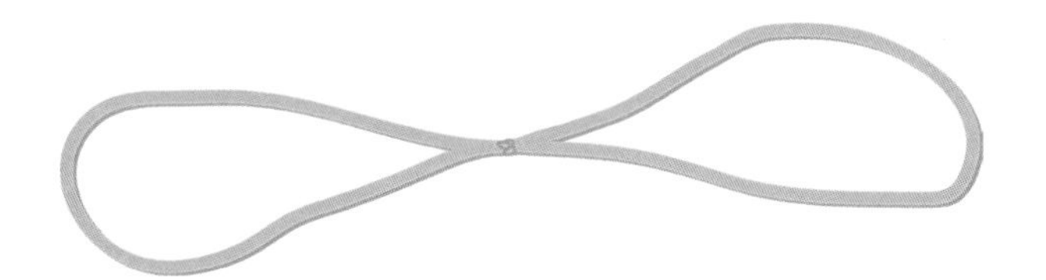

활동 4 고무줄 중간에 묶은 동전을 붙인다.

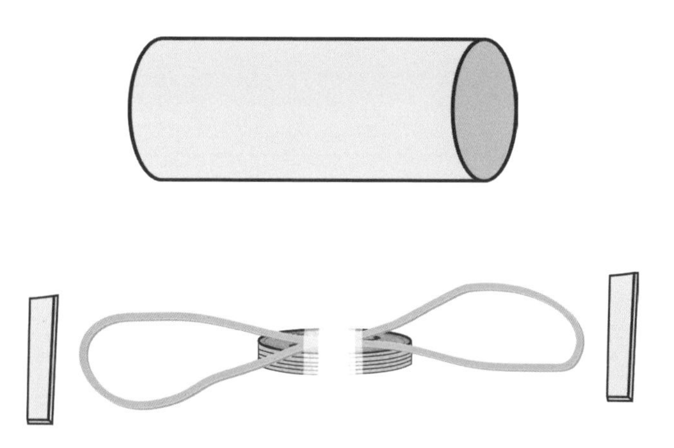

활동 5 고무줄을 나무젓가락에 묶는다.

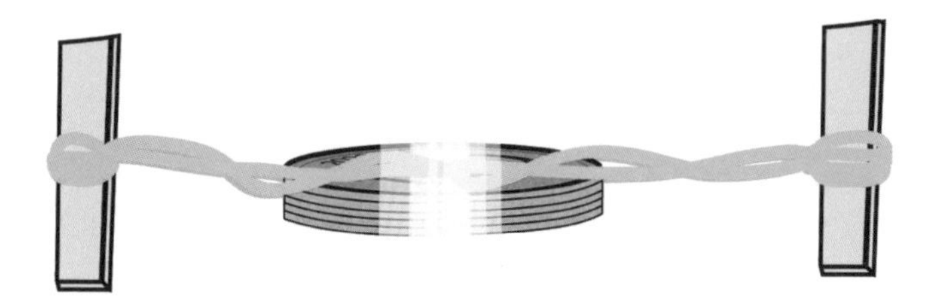

활동 6 휴지심 안에 고무줄-동전을 넣고 양쪽 끝에 나무젓가락을 붙인다.

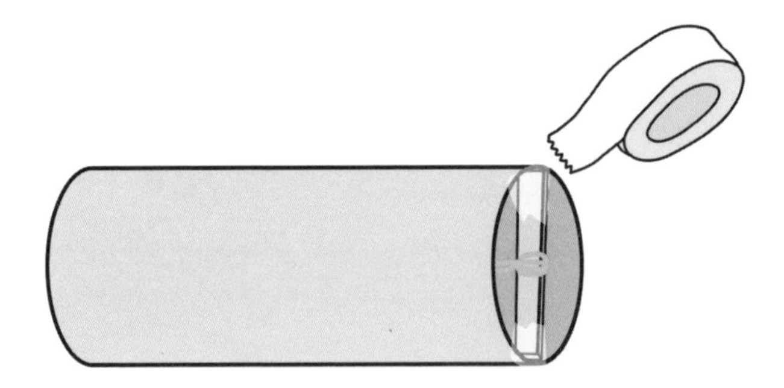

활동 7 휴지심을 굴리면 조금 굴러가다가 돌아온다.

왜?
다시 되돌아 오는 걸까?

어떤 원리일까?

고무줄을 잡아당기면 주욱~ 하고 늘어나게 돼요. 다시 놓으면 원래 상태대로 돌아오지요. 이렇게 외부의 힘에 의해 변형된 물체가 힘을 잃으면 원래 상태로 되돌가는 성질을 '탄성'이라고 합니다. 되돌아가거나 늘어날 때 힘이 생기는데, 이를 '탄성력'이라고 해요.

바퀴에 줄을 감아 놓으면 고무줄이 감기면서 늘어나게 돼요. 탄성에 의해 늘어난 고무줄은 다시 줄어들려고 하고, 이 힘으로 바퀴를 다시 움직이게 해요. 그러면 바퀴가 반대로 움직여서 되돌아온답니다. 이런 탄성을 이용하면 다양하고 재미있는 장난감을 만들 수 있어요.

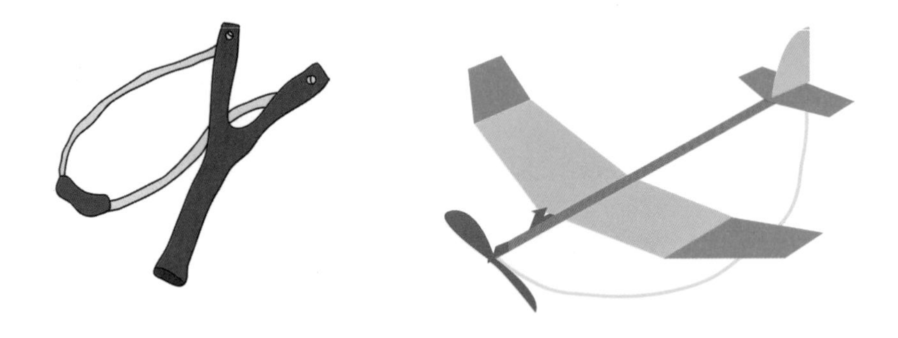

화장실 미션 4

되돌아오는 휴지심으로 볼링을 해 보자!

고양이와 함께 수조를 탈출하라

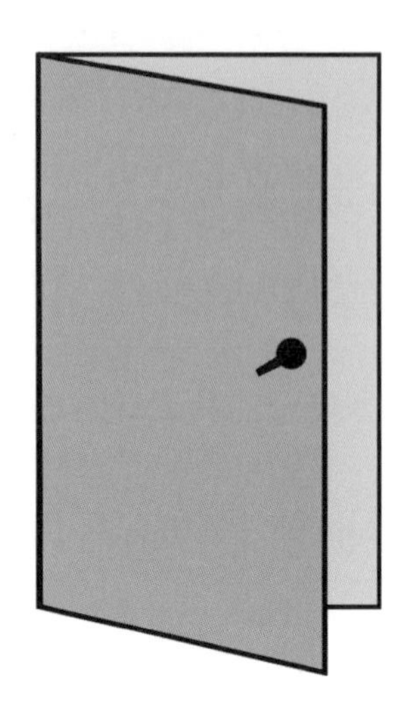

"망했다!"

아영이는 베란다 문이 열려 있는 걸 보는 순간 얼음이 되고 말았다. 분명 조금 전까지 물을 먹고 있던 나비가 보이질 않았기 때문이다.

"우리 나비 잘 부탁해, 아영아!"

나비는 같은 아파트 1층에 사는 동욱이가 병원에 가면서 맡기고 간 고양이다. 아영이는 동욱이가 나비를 맡기러 왔을 때 속으로 엄청 기뻤다. 평소에 동욱이를 좋아하고 있었기 때문이다. 게다가 고양이는 혼자서도 잘 노는 동물이라고 알고 있어서 맡아 주는 건 쉬운 일일 것 같았다. 그래서 큰소리를 치면서 자신만만하게 나비를 맡겠다고 했다.

"걱정하지 마, 동욱아. 내가 나비 잘 돌보고 있을게!"

하지만 동욱이가 나비를 맡긴 지 몇 시간도 안 돼서 나비가 열린 문틈 사이로 사라진 것이다. 아영이가 잠깐 스마트폰으로 게임을 하는 사이 벌어진 일이었다.

"종일 밥도 잘 주고, 물도 잘 주고, 물고기 인형으로 잘 놀아 주기도 했는데…."

아영이는 너무 속상했지만 지금은 나비를 찾는 게 급했다. 서둘러 문을 열고 나가는데 어디선가 고양이 울음소리가 들려왔다.

"야~옹!"

"나비다!"

다행히 나비는 1층 꽃밭에서 고양이풀을 뜯으며 뒹굴고 있었다. 봄이 오고 꽃이 피어서 기분이 좋은 것 같았다. 그런 나비를 보자 아영이도 기분이 좋아져서 나비를 번쩍 안아 올렸다.

"나비야! 걱정했잖아! 앞으로는 이렇게 함부로 나가면 안 돼…, 어? 킁킁~. 이게 무슨 냄새야?"

그러고 보니 나비는 온통 흙투성이였다. 꽃밭에서 뒹굴면서 흙이랑 거름이 같이 묻은 것 같았다. 이대로라면 동욱이에게 나비를 잘 돌봤다고 말하기 어려울 것 같았다.

"안 되겠어. 나비야, 목욕하자 목욕!"

아영이는 나비를 데리고 화장실로 갔다. 동욱이가 오기 전에 깨끗하게 나비를 목욕시키고 털도 말려 줄 생각이었다.

"이래 봬도 나는 애견 미용실 하는 우리 이모 조수라서 강아지 목욕도 같이 잘 시킨다고!"

강아지 목욕엔 자신만만한 아영이였지만 어쩐 일인지 나비는 욕조에 들어가는 것도 싫어하는 것 같았다. 물을 무서워하는 것 같기도 했다.

"나비야, 착하지~. 얼른 목욕하자 나비야~. 이리 와~."

아영이는 샤워기로 물을 틀고 고양이 샴푸로 거품을 만들며 나비를 불렀다. 하지만 나비는 욕조 옆에 세워 둔 캣타워에 올라가 내려오지 않고 있었다. 아영이는 나비가 비누 거품에 관심을 가질지도 모른다고 생각했다. 그래서 점점 더 비누 거품을 많이 만들었다.

"어? 어? 비누 거품이 왜 이러지?"

비누 거품이 이상했다. 아영이가 비누 거품을 만들기는 했지만, 지금껏 본 적이 없을 정도로 비누 거품이 점점 커지기 시작한 것이다. 계속 부풀면서 커진 비누 거품은 욕실을 가득 채우며 아영이와 나비를 감싸 버렸다! 아영이와 나비가 비누 거품 안에 갇힌 꼴이 되었다.

"으아~ 이게 무슨 일이야, 무서워!"

아영이는 너무 무서워서 눈을 꼭 감은 채 나비를 꽉 끌어안았다.

"펑!"

"비눗방울이 터진 것까진 기억이 나는데…, 여기가 어디지?"

눈을 뜬 아영이는 나비부터 찾았다. 다행히 나비는 비누거품이 터지기 전처럼 아영이 품에 그대로 안겨 있었다. 안심하고 주변을 둘러보니 이곳은 거대한 욕조가 놓인 화장실처럼 보였다. 다만 욕조가 무척이나 커서 화장실 전체 바닥을 거의 차지하고 있었다. 욕조 모양이지만 물이 가득 차 있어서 꼭 커다란 수영장 같았다.

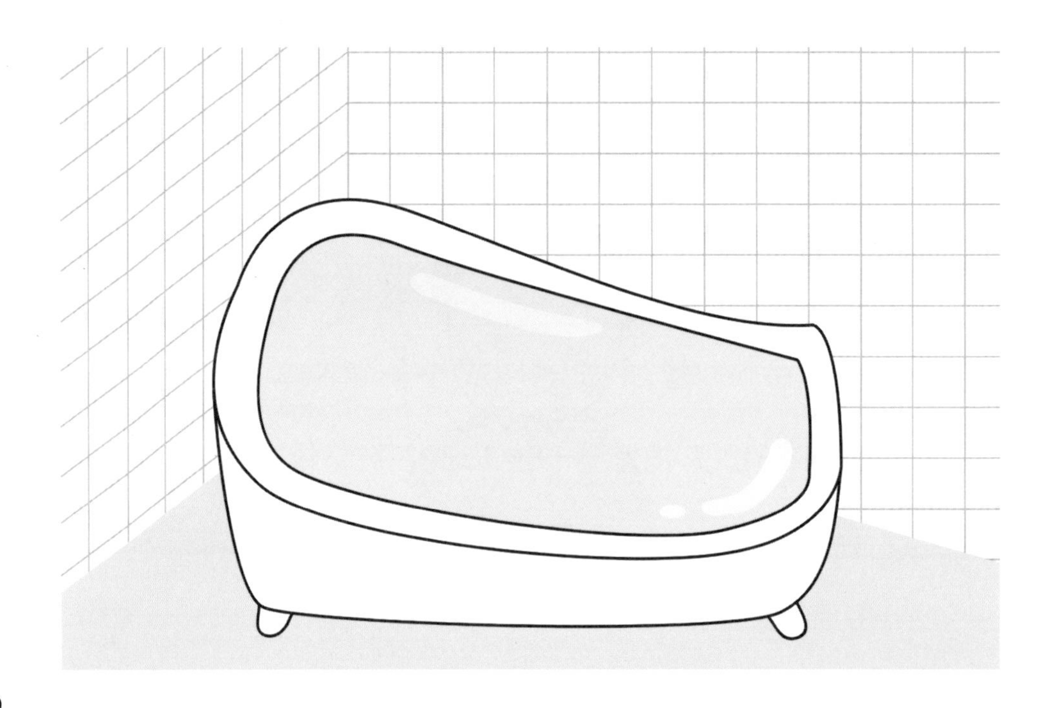

아영이와 나비는 욕조가 내려다보이는 캣타워 위에 앉아 있었는데, 나비는 여전히 욕조 물이 무서운지 아영이의 품을 더욱 파고들었다.

"걱정하지 마, 나비야. 내가 지켜 줄게. 동욱이한테 내가 널 돌봐 준다고 약속했어. 약속 지킬 거야."

나비를 쓰다듬으며 말을 했지만 사실 아영이는 걱정이 되었다. 여기가 어딘지도 모르겠고, 다시 집으로 어떻게 돌아갈 수 있는지도 전혀 알 수가 없었기 때문이다. 사실 무섭기도 해서 눈물이 날 것 같았지만, 나비를 지켜야겠다는 생각에 꾹 참고 있었다.

"날 좀 도와주겠니?!"

그런데 그때, 갑자기 욕조 아래에서 빗자루가 빼꼼 나오더니 목소리가 들렸다.

"누…, 누구세요? 거기 누구 있어요?"

깜짝 놀란 아영이가 욕조 아래를 자세히 보니 둥그런 화

장지 뭉치 같은 게 놓여 있었다. 호기심 많은 나비가 발로 툭 건드리자, 둥그런 화장지 뭉치가 펴지더니 팔과 다리, 그리고 얼굴이 있는 화장지 청소부 모습이 되었다.

"안녕! 나는 이 욕실의 청소부야. 쓱싹! 욕조를 청소해야 화장지 나라로 돌아갈 수 있지. 쓱싹! 나를 도와줄 사람을 오랫동안 기다렸어. 쓱싹!"

아영이는 화장지 청소부가 신기하면서도 무얼 도와줘야 하는지 궁금했다. 그리고 집으로 돌아가게 도움도 받고 싶었다.

"제가 뭘 도와드려야 하죠?"

"욕조의 물을 빼야만 욕조 청소를 할 수 있어. 쓱싹! 보다시피 난 물에 들어가면 젖어 버리거든. 쓱싹! 욕조의 물을 빼 줄래? 쓱싹!"

"도와드리면 저와 나비도 집에 갈 수 있나요?"

"욕조의 물을 빼면 집으로 가는 문이 열려. 쓱싹! 단, 우리 모두 젖으면 안 돼. 쓱싹!"

아영이가 자세히 보니 물이 가득한 욕조 바닥에 고리가 보였다.

"저 고리를 잡아당기면 바닥이 열리면서 물이 빠지게 돼 있어!"

하지만 물속으로 들어가는 게 문제였다. 나비도 물을 싫

어하는 데다가, 화장지 청소부도 물에 젖으면 안 된다고 말했기 때문이다.

"물속에 들어가야 하는데 물에 젖으면 안 된다니…."

"삐비빅- 삐비빅-"

그때 어디선가 경고음이 들리기 시작했다.

"시간이 없어. 쓱싹! 너무 오랫동안 욕조 청소를 못 해서 이 욕실은 영원히 닫힐지도 몰라. 쓱싹! 욕조가 닫히면 나는 넘치는 물에 젖어 영원히 사라져 버릴 거야. 쓱싹!"

"뭐라고? 안 돼요! 나랑 나비랑 돌아가야 한다고요! 잠깐, 생각을 하자, 생각!"

아영이는 어떻게든 욕조의 물을 빼고 집으로 돌아가고 싶었다. 그러려면 물을 묻히지 않고 물속으로 들어갈 방법을 찾아야만 한다.

"물이 없어야 물에 안 젖는데…. 지금처럼…. 지금? 지금은 물속이 아닌 공기 속? 아, 그래!"

아영이는 화장지 청소부에게 세면대 위에 있는 큰 컵을 가져다 달라고 부탁했다. 컵은 커서 아영이와 나비, 그리고 청소부가 함께 들어가기에 충분했다. 사실 청소부는 화장

지라서 좀 구겨져도 괜찮았다.

"컵에 우리가 들어간 뒤에 욕조 바닥으로 수직으로 떨어지는 거예요. 뒤집힌 방향으로요! 이 컵 안에는 지금 공기가 가득 차 있잖아요? 컵이 뒤집히면 공기 그대로 욕조 바닥까지 내려갈 수 있어요. 공기 때문에 물이 들어오지 못하니까 젖지도 않을 거예요!"

아영이의 설명을 들은 화장지 청소부는 몸을 구겨서 컵 바닥으로 들어갔다. 이미 경고음은 5초밖에 남지 않았다고 울려 대고 있어서 더는 미룰 수도 없었다. 아영이도 나비를 안고 화장지 청소부 위에 앉았다.

"하나, 둘, 셋 하면 컵을 뒤집으면서 욕조로 떨어지는 거예요! 자 하나, 둘, 셋! 욕조로 떨어진다아아~~!"

"야아아~옹!"

"쓱싸아악~!"

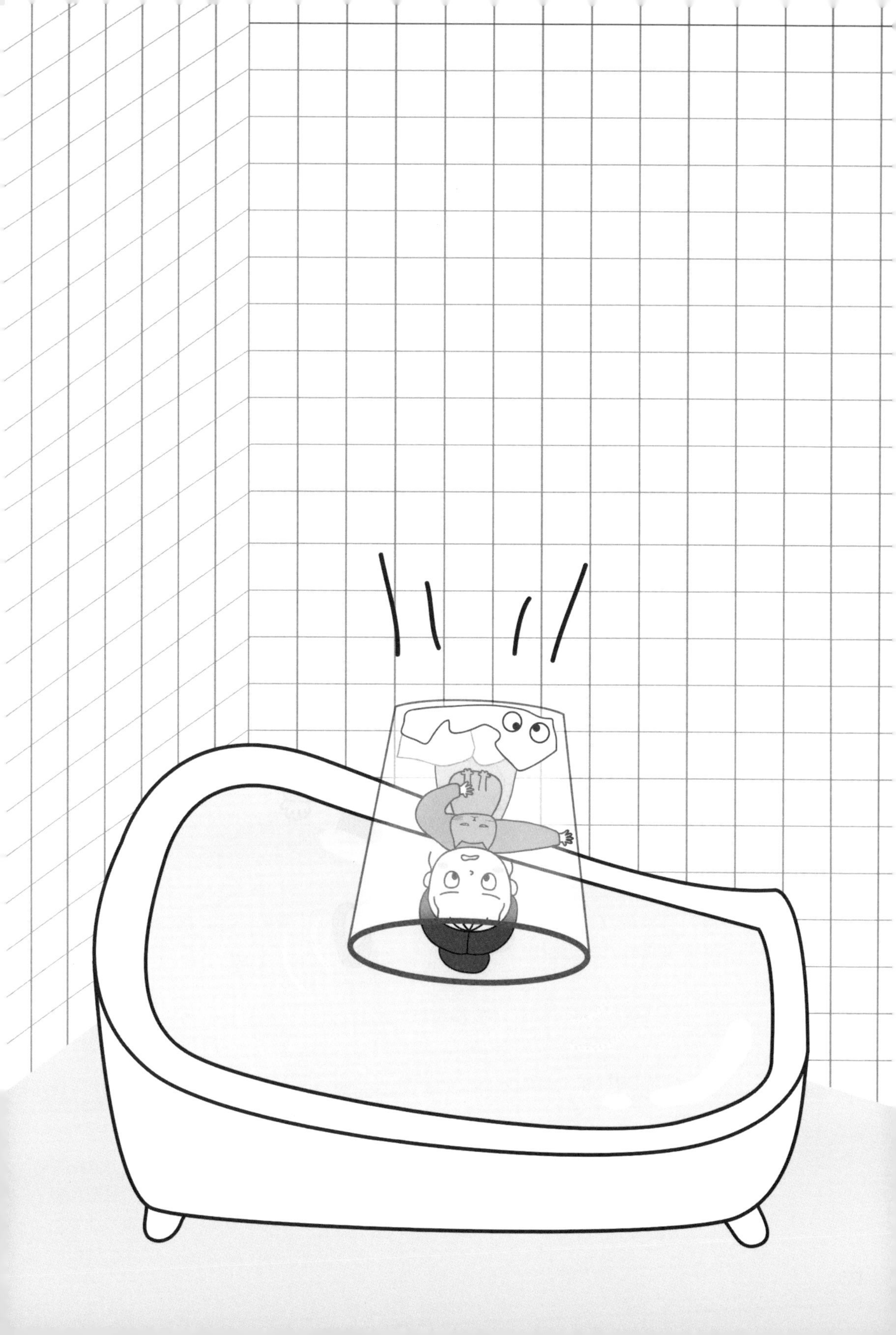

"띵동!"

아영이는 벨 소리에 깜짝 놀라 소파에서 벌떡 일어났다. 꿈을 꾼 것 같았는데 다행히 품 안에 나비가 안겨 자고 있었다. 나비는 목욕해서 깨끗한 상태였고, 샴푸 때문인지 향긋한 향기도 났다.

"쉿! 나비가 흙이 묻어서 내가 목욕을 시키고 말렸는데 잠이 들었나 봐. 문이 열린 사이에 나비가 꽃밭에서 뒹구는 바람에…. 미안해, 동욱아."

아영이는 동욱이를 보자마자 나비를 제대로 돌보지 못한 걸 사과했다. 동욱이한테는 솔직하게 말하고 싶었다.

"정말? 목욕을 시켰어? 그렇지 않아도 목욕시킬 때가 됐었는데, 고마워! 고양이들은 물을 싫어해서 목욕시키기 어렵거든. 진짜 고마워, 아영아! 내가 고마움의 표시로 떡볶이 쏠게!"

동욱이의 말에 아영이는 기분이 날아갈 것 같았다. 화장지 청소부도 왠지 뽀송뽀송하게 욕실 청소를 잘 끝냈을 것 같았다.

“좋아! 대신 나비는 내가 다음에 또 돌봐 줄게. 나 이제 더 잘 돌볼 수 있을 것 같아! 일단 떡볶이부터 먹으러 가자! 내가 한입에 쓱싹! 먹어 줄게! 하하!”

“야~옹!”

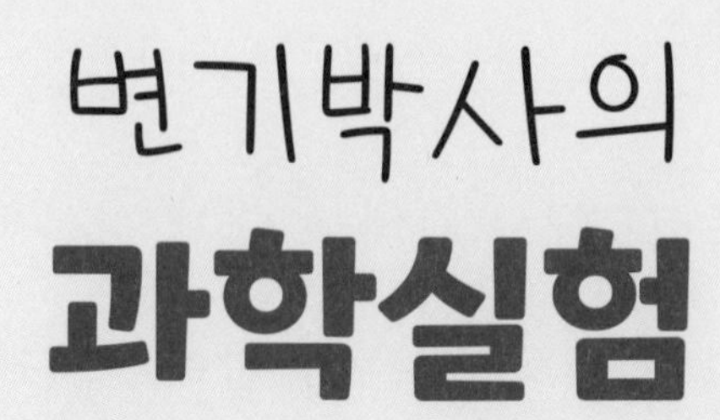
변기박사의
과학실험

변기선생

물속에서 화장지가 안 젖는다고?

물에서 젖지 않는 화장지를 만들어 보자.
컵 안에 휴지는 컵을 흔들어도 빠지지 않을 정도로 단단히 넣어 주세요. 그래야 컵을 뒤집어도 아래로 떨어지지 않는답니다!

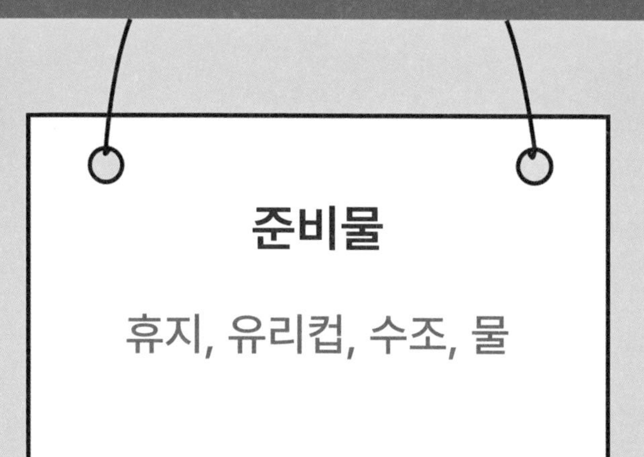

준비물

휴지, 유리컵, 수조, 물

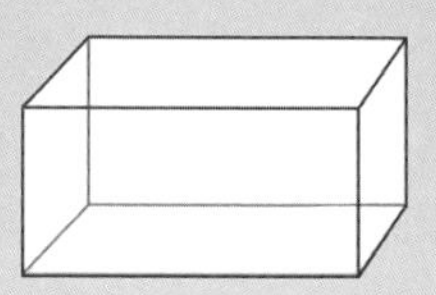

변기박사의
과학실험

활동 1 수조를 준비하고 물을 가득 넣는다.
수조가 없으면 세면대나 욕조를 사용해도 좋다.

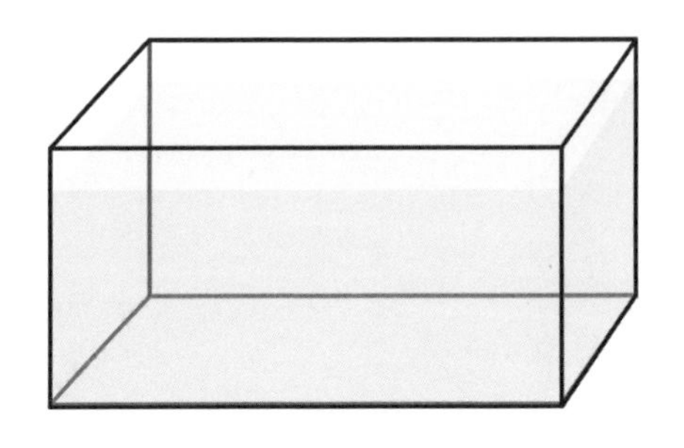

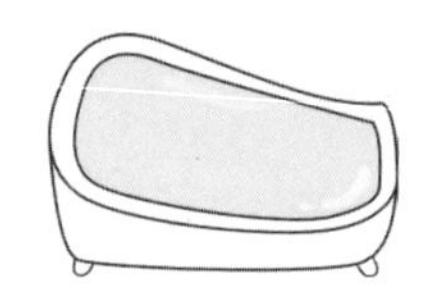

활동 2 유리컵을 준비한다.

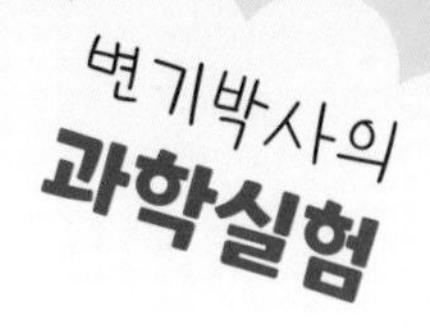

활동 3 휴지를 말아서 유리컵 안쪽으로 밀어 넣는다.

활동 4 유리컵을 물이 담긴 수조로 똑바로 아래로 넣어 보자.

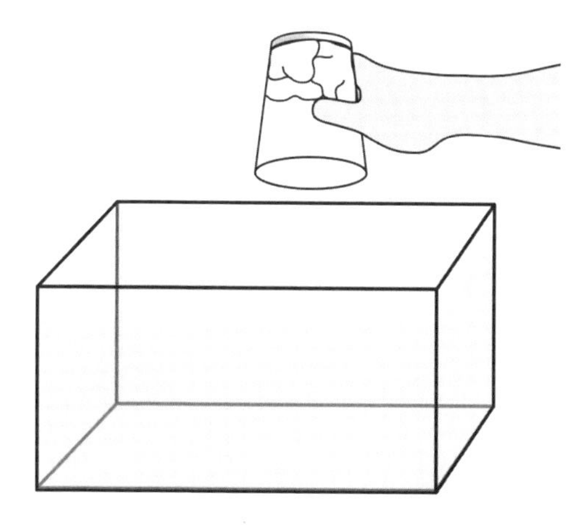

변기박사의
과학실험

활동 5 유리컵 안에 공기가 차면서 휴지가 젖지 않게 된다.

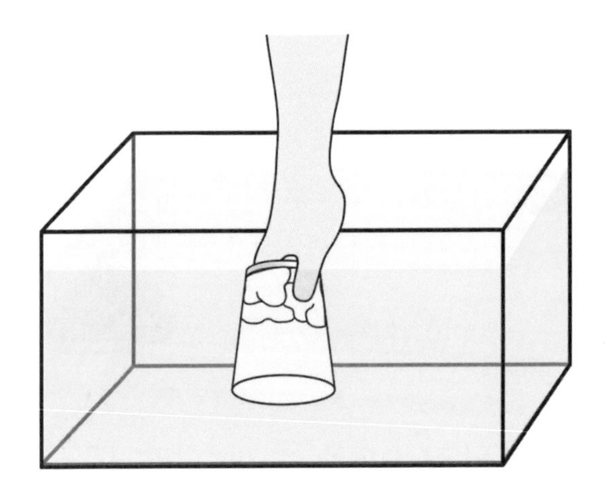

컵은 꼭
수직으로 넣어야 해?

당연하지!
비스듬히 기울이면
물이 들어가~.

왜?
물에 들어가는데 휴지가 젖지 않을까?

어떤 원리일까?

우리는 늘 공기에 둘러싸여 있어요. 수조 밖에 있는 컵 안에도 우리 눈에 보이진 않지만 공기가 가득 차 있죠. 이 컵을 그대로 뒤집어 수조 속에 똑바로 넣으면 컵 안의 공기도 그대로 수조 속으로 들어가게 돼요.

그래서 컵을 뒤집어 수조 속으로 넣으면 컵 안의 공기가 물을 밀어내기 때문에 컵 안으로 물이 들어가지 않는답니다.

하지만 컵을 비스듬히 기울이면 공기가 빠져나가면서 그

빈 자리로 물이 들어오게 되지요.

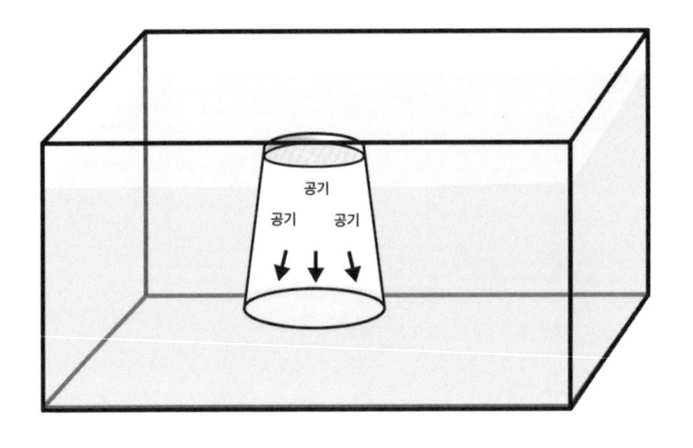

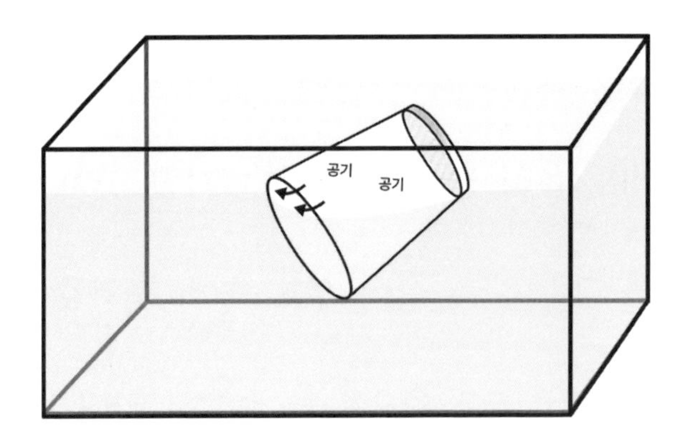

화장실 미션 5

나를 잘라 컵 안에 구겨 넣어 줘!